中公新書 2539



浅間 茂著

カラー版

# 虫や鳥が見ている世界

## ――紫外線写真が明かす生存戦略

中央公論新社刊

# はじめに

私たち哺乳類《ほにゅうるい》が見えない世界を鳥や虫、他の動物は見ることができる。どんなふうに見えているのだろうか。たとえば菜の花を紫外線撮影ができるカメラで写して見ると、ふだん見ている花とは全然違って見える。

**1-1** 菜の花（カラシナ）

**1-2** 紫外線写真（花びらの中心部は紫外線を吸収し黒っぽく見え、蜜のありかを示している）

普通の写真では真っ黄色な花びらだが、紫外線カメラでは花びらの真ん中の部分が紫外線を吸収していることがわかる。虫たちの視力は0・01程度しかないが紫外線を見ることができるので、この部分が蜜《みつ》のありかを示す目印となっているのである。

今を去ること5億4500万年前のカンブリア紀に多くの生

**1-3** モンシロチョウの交尾（奥が雄、手前が雌）

**1-4** 紫外線写真（雄は紫外線を吸収するので黒っぽく見えるのに対し、雌は反射するので白っぽく見える）

物が爆発的に出現し、視覚を持つ生物が現れた。その後、食う食われるという生存競争の中で目の優劣が生死を分けて、多様な目が生じたと考えられている。

　大部分の動物は紫外線を見ることができるのに、哺乳類には見えないのはなぜだろうか？　恐竜の時代に誕生した我々の祖先の哺乳類は小さく、恐竜を恐れ、夜活動していた。夜は紫外線を見ることは必要でなかったため、紫外線を見る能力を失ってしまった。こうして長い歴史の中で私たちヒトは、現在の可視光領域に適した視覚を持つようになったと考えられる。

　鳥は紫外線反射の違いで雌雄《しゆう》を見分け、求愛活動に役立てているものが多い。あるいは紫外線を利用して餌《えさ》となる虫を誘引しているクモなどもいる。自らの姿を他の動物に似せて、捕食者の目から逃れたり、待ち伏せして餌を捕らえたりする擬態《ぎたい》も、可視光線だけでなく紫外色を考えて似せている。それ以外にも、トカゲが捕食者から逃れるために紫外線反射の強い尾を自ら切って、そちらに目を向けさせて逃げるなど、紫外線は動物たちの生存戦略に深く関わっている。

また植物も、風を利用して受粉する風媒花《ふうばいか》から、虫など動物を利用する虫媒花《ちゅうばいか》へと進化した。その結果、虫を引き寄せるために、美しい花が咲き乱れるようになった。可視光線だけでなく、植物にとっては有害である紫外線を花の色にも利用しはじめる。さらに目の悪い虫に対して、紫外線を利用して蜜のありかを示すようになる。

この本ではヒトには見えない色彩である紫外線の世界が、鳥や虫たちなどの動物にどう見えているか、植物が紫外線をどう利用しているかを見ていきたい。

## 目次

## 第4章 紫外線から身を守る戦略 121

## 終章　紫外線写真から見える生存戦略　151

# 序章 虫や鳥が見る色の不思議

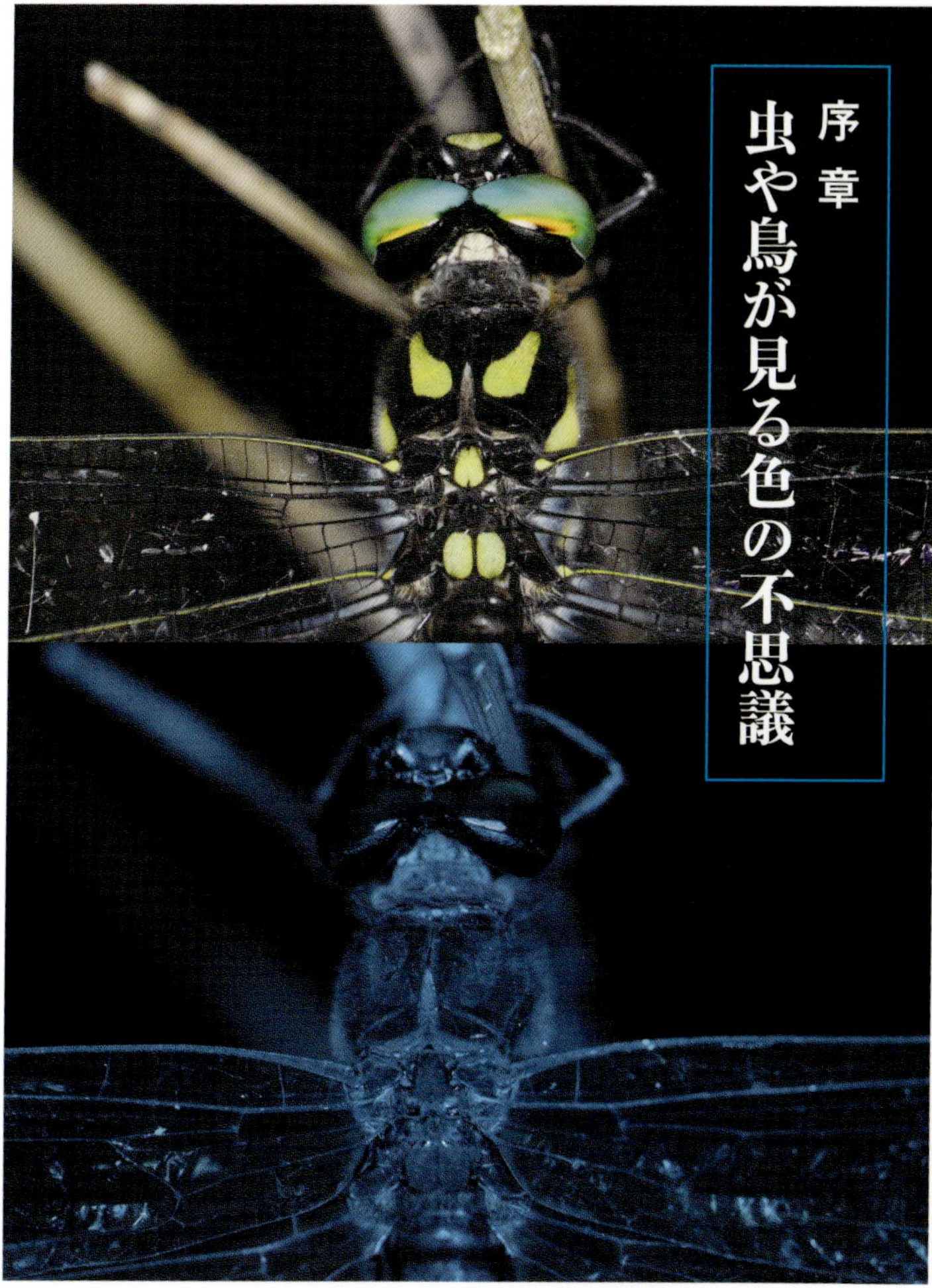

上：オニヤンマ　下：紫外線が見える複眼

私たちは光がないと色を見ることができない。また光があっても光を受け取る目の働きの違いで見える世界が異なっている。我々の見えない世界「紫外線の世界」を覗いてみよう。

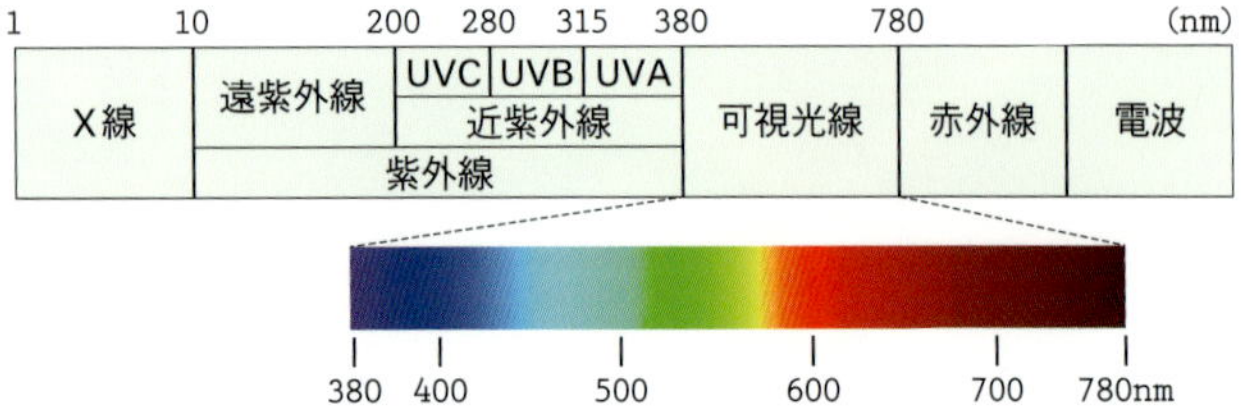


**1-1** 電磁波（光）の波長

## 1 赤いリンゴはなぜ赤い？

太陽の白色光をプリズムに通して見ると、光の波長の違いで紫色から赤色までいろいろな色にわかれる。スミレ色は波長が短く、赤色は波長が長い。太陽からは私たちが目に見える可視光線（波長380nm～780nm）のほかに、可視光線より波長が短い紫外線（300nm～380nm）、可視光線より波長の長い赤外線（780nm～1400nm）と電波が地球に届いている。nmは長さの単位で、ナノメートルと読み$10^{-9}$メートル（10億分の1m）である。

全ての脊椎《せきつい》動物はカメラ目を持っており、色覚や視力はいろいろである。カメラ目とは、カメラのようにレンズがあり、像を映す網膜を持っている目のことである。虹彩《こうさい》がカメラの絞り、水晶体がレンズ、網膜がフィルムに相当する。哺乳類以外の脊椎動物は、紫外線を見ることができるものが多い。なかには少数だが、赤外線を利用している動物もいる。マムシやハブは、餌であるネズミなど恒温性の動物が出す赤外線を目と鼻の間の窪《くぼ》みにあるピット器官で感知して、捕らえる。

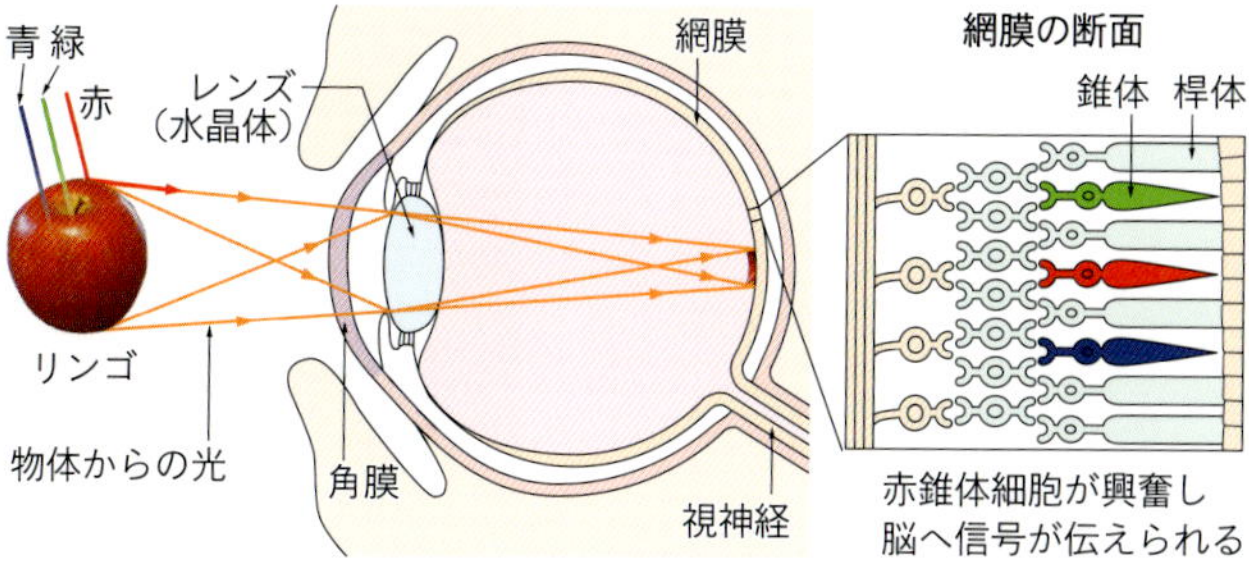


**1-2** 赤いリンゴが見える仕組み

ところで、リンゴはなぜ赤く見えるのだろう。赤いリンゴは赤色以外の光を吸収し、赤色を反射している。だから赤く見えるのである。光がないと真っ暗で何も見えない。光がわずかだと形がわかっても、白黒に見え、赤色には見えない。これは、目の網膜の視細胞には桿体《かんたい》細胞と錐体《すいたい》細胞があり、暗いときには白黒に見える桿体細胞が働き、明るいと錐体細胞が働くからである。夜行性の動物には桿体細胞が多くあり、光が少なくても見ることができる。いっぽう、色が見えるのは錐体細胞の働きによる。我々ヒトは3種類の錐体細胞を持っている。赤・緑・青の錐体細胞である。ヒトの色覚は「3色型色覚」と呼ばれている。光の色の違いは波長の違いとして感じられ、それぞれの波長の違いに感じやすい赤・緑・青の3種類の視細胞が網膜にある。網膜に上下左右反転した像を結ぶと、赤い光には赤の錐体細胞が反応し、黄色い光には赤と緑の錐体細胞が反応する。それらの光の信号は電気信号として視神経から脳へ伝えられ、脳でそれらの情報を統合処理して形や色が認識され、赤いリンゴを赤いリンゴとして見ることができる。

ところで葉は緑色をしている。これは葉の中に含まれる色素が光合成のために緑色以外の色を吸収し、必要でない緑色を反射しているからである。それでは、全ての哺乳類が葉の緑色を緑色と認識しているのだろうか。

サルでは原始的な形態を持っている原猿類とアメリカに分布している新世界ザル（雄と一部の雌）は赤・青の錐体しかない「2色型色覚」である。2色型色覚は赤色と緑を識別できない。いっぽう、アジア、ヨーロッパ、アフリカなどに分布している旧世界ザルは「3色型色覚」を持っている。旧世界ザル以外と新世界ザルの一部を除いた哺乳類は、赤と青の2色あるいはそのうちのひとつしか錐体を持っていない。身近なウシ、ウマ、イヌ、ネコは色の識別が弱いことが知られている。では、哺乳類以外の動物はどのような色の世界を見ているのだろうか。

**1-3** 熱をピット器官（赤丸）で見るヨロイヒメハブ

**1-4** 赤いカキを赤色と見ている旧世界ザル（ニホンザル）

**1-5** 赤と緑とを識別できない原猿類（メガネザル）

## 2 紫外線が見える動物

多くの動物が紫外線の世界を見ていることがわかったのが1970年頃からである。ヒトの可視光線の紫色より波長の短い光を、紫の外側の意味で紫外線という。その中で波長が200nm～380nmのものを近紫外線という。大気の上層部にあるオゾン層が300nmより短い波長を吸収してしまうので、地球上で紫外線が見える見えないというのは、300nm～380nmの範囲の近紫外線の話と考えてよいだろう。それでは、哺乳類はなぜ紫外線が見えず、他の動物は見えるのか。それには進化の物語が関わってくる。脊椎動物の祖先は色を識別する錐体細胞に4つのタイプ（4色型色覚）を持っていたのだが、恐竜が全盛の時代、ほそぼそと暗闇《くらやみ》の中で生活していた哺乳類は、夜行性のため使われない紫外線を見ることができる錐体細胞ともうひとつの緑の錐体細胞を失い、赤と青の2種類の錐体細胞だけを持つようになった。

ところで私たちヒトの錐体細胞は赤・緑・青の3タイプ（3色型色覚）であると前項で紹介した。赤と青の2タイプ（2色型色覚）の錐体細胞だけを持っていた旧世界ザルの祖先は、突然変異によりもうひとつの緑の錐体細胞を得た。他の哺乳類は赤と青の錐体細胞しか持たないため、緑と赤の識別ができないといわれる。森の生活では熟した果実を見分けることが生存には重要である。熟した果物の赤色を認識するよう突然変異によって生じた3色型色覚へ進化し

**2-1** 鳥は紫外線が見える（アカコンゴウインコ）

**2-2** 哺乳類は紫外線が見えない（ボルネオオランウータン）

たと推定されている。

　鳥類や多くの爬虫類《はちゅうるい》は4タイプの錐体細胞を持っている（4色型色覚）。だから鳥類の羽毛はあれほどカラフルだといえる。当然鳥は紫外線が見えているので、我々が見えない色を見ていることになる。白いサギはサギには白く見えない。もっとはっきりいえば、鳥の見ている世界にはほとんど白色はないことになる。鳥が紫外線を見ることができるとわかったのは1990年頃からである。

　紫外線が見えることは多くの動物にとってどんな点に有利なのか。餌をとる、求愛行動、個体識別など多くの点で戦略上有利であるから、その能力を維持してきたのだろう。サンゴ礁にすむハナシャコは紫外色をさらに細かく見分けているという報告もある。そして哺乳類には見えない紫外線が他の動物には色として見えて、生活全般に関わっている。その紫外色は紫色に近いのか赤色に近いのか、まだわかっていない。また動物分類のグループにより、それぞれ錐

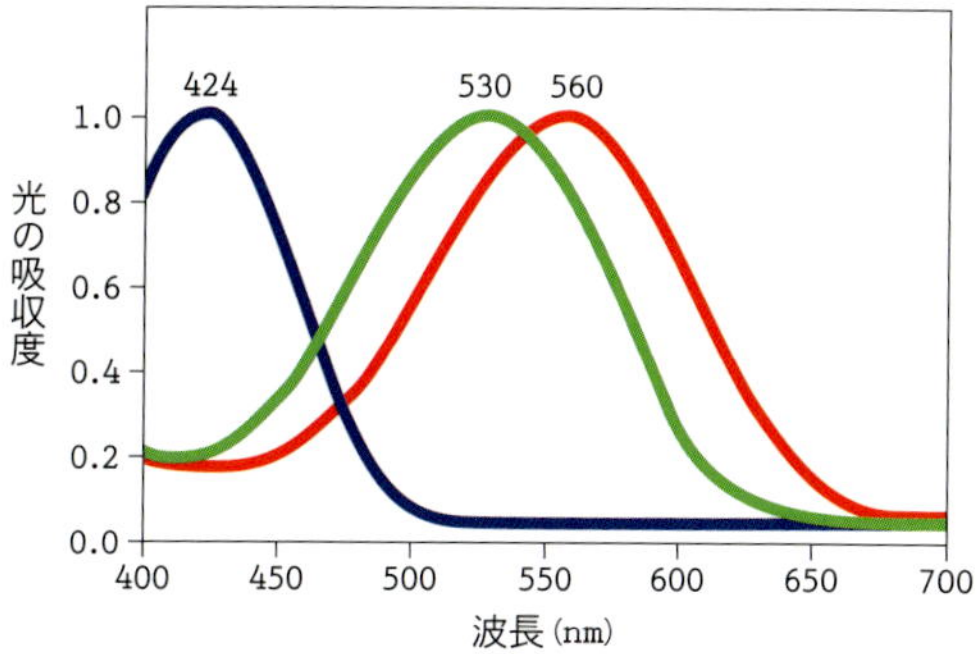


**2-3** ヒトの色覚

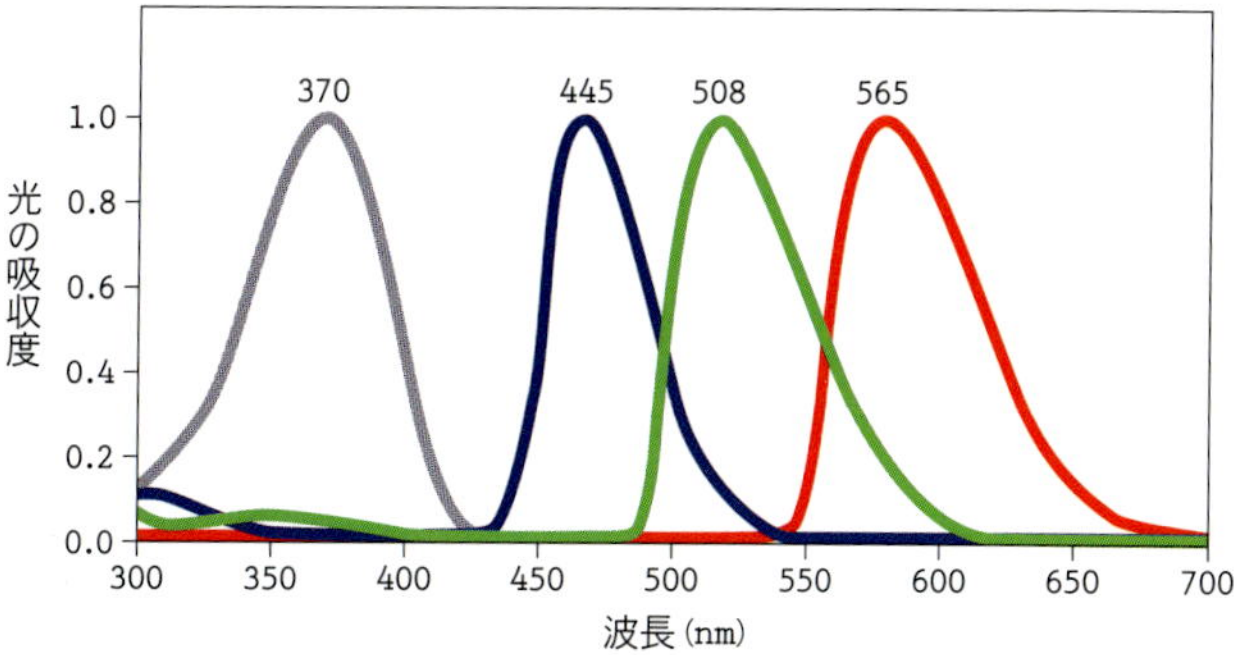


**2-4** 鳥の色覚

体細胞の吸収スペクトルが異なっており、我々とは全く別の色の世界を見ていることになる。

## 3 紫外線と生きものの関わり

高温のガスバーナーの炎は青く、低温のろうそくの炎は赤い。短い波長の青色は長い波長の赤色よりエネルギーが高く、高温の物質から放射される。青色より波長の短い紫外線はエネルギーも大きく、生物に影響を与えている。波長の短い紫外線ほど大きな害を与える。

そのために生物の分布を見ると、同じようなグループでは低緯度地方の動物が黒い。たとえばヒグマ→ツキノワグマ→マレーグマのように、茶色→黒→黒と低緯度地方ほど黒くなっている。本州のヒヨドリより沖縄で見られるヒヨドリは黒っぽい。人間の分布も高緯度地方には白人、中緯度には黄色人、低緯度には黒人が分布している。

太陽に当たると肌が黒くなるのは、メラニン色素が合成され、光を吸収するからである。全ての光を吸収すれば黒色、反射すれば白色、透過すれば透明になる。それならば暑い低緯度では光を反射する白人が、寒い高緯度では光を吸収し熱に変える黒人が分布したほうがよいのではと思うかもしれない。しかし、肌が白ければ反射される紫外線もあるが、透過する紫外線もある。それにより、炎症や皮膚ガンを引き起こしてしまう。そのため、低緯度では白人は住みにくい。黒人の場合はメラニンが紫外線を吸収し、それを熱に変えてしまうので皮膚ガンになりにくい。

**3-1** ツキノワグマ
**3-2** 紫外線写真（メラニン色素が紫外線を吸収する）

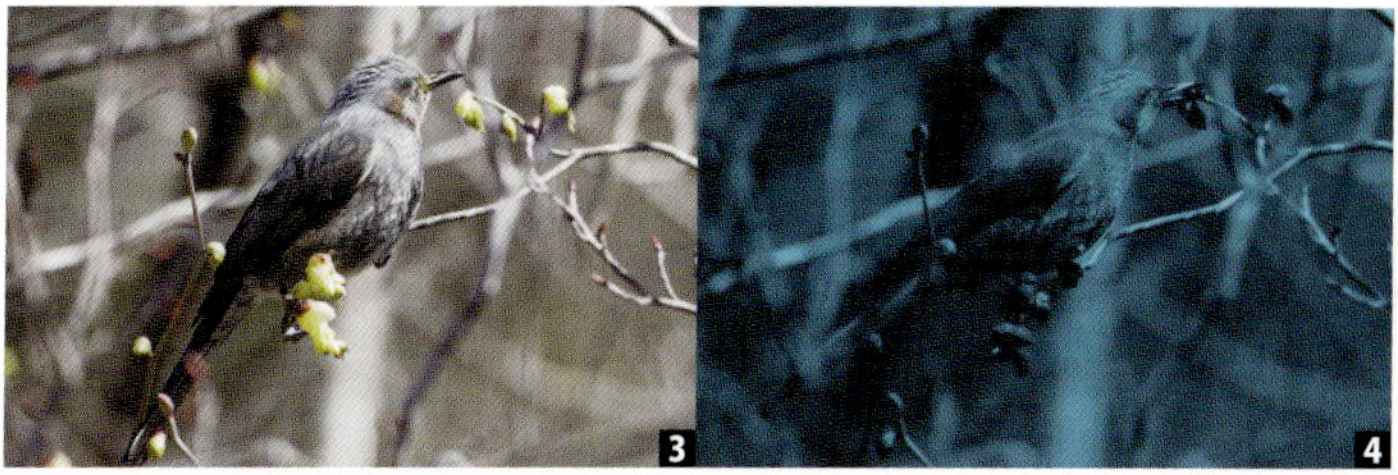

**3-3** 関東地方のヒヨドリ
**3-4** 紫外線写真（沖縄ではより紫外線吸収が見られる）

また健康維持に必要なビタミンDの合成には紫外線が必要であり、日光が弱い高緯度地方で肌が白いのは、ビタミンDを合成するためでもある。だから同じようなグループの動物の生息地を比較すると、高緯度地方の動物の体表は明るく、低緯度地方の動物は暗い。このような分布はグロージャーの規則といい、紫外線に対する適応と考えられている。

紫外線の反射率は雪80%、砂浜10〜25%、アスファルト10%、水面20%、草地・土10%以下である。水中では波長の長い赤い光と可視光線より波長の短い紫外線は、浅いところで吸収される。青色は深いところまで到達する。オゾン層がなく、紫

**3-5** 海岸の風景
**3-6** 紫外線写真（岩は紫外線を吸収し水面は強く反射しているように、それぞれ紫外線反射率が異なる）

外線が強く地上に降り注いでいたとき、生命体は紫外線が届かない青い海の中で広がったのである。

## 4 植物の色

植物が緑に見えるのは、細胞の中にある葉緑体に含まれるクロロフィルなどの色素による。葉緑体には光合成色素であるクロロフィルやカロテノイドが含まれる。葉が緑色に見えるのはクロロフィルが赤と青の光を吸収し、必要としない緑色の光を反射することによる。秋になるとイチョウの葉が黄葉するのはクロロフィルが分解され、カロテノイドの色が見えることによる。カロテノイドはカロテンとキサントフィルの総称である。カロテンはニンジンの根に多く含まれている。特にカロテノイドのうちのキサントフィルが多いときれいな黄葉になる。カロテノイドは黄色、橙色《だいだいいろ》、赤色の色素であり、植物だけでなく動物にも見られる。

秋になってイロハカエデなどの葉が紅葉するのは、寒くなり葉と枝の間に離層が形成され、光合成によりできた糖が葉から枝へ通れなくなり、葉の液胞中で糖からアントシアニンがつくられるからである。リンゴが赤くなるのは、リンゴの皮に太陽の光が当たって糖がつくられ、それが赤色のアントシアニンに変わるからである。

花の色も色素が母体となって現れている。花の色は多様であり、その色の源となる色素にはカロテノイド、フラボノイド、ベタレインなどがある。フラボノイドの中で、アントシアニンが赤色系の色素で、他は無色か薄い黄色である。白い花の中にはこの無色か薄黄色のフラボノ

**4-1** イタヤカエデの葉（橙色はカロテン、黄色はキサントフィル、緑色はクロロフィル）
**4-2** フラボノイドを含むオクラの花

**4-3** アントシアニンによるアサガオの花色
**4-4** ベタレインによるオシロイバナの花色

イドが含まれている。アントシアニンはフラボノイドの一種であるが、アントシアニンだけ他のフラボノイドと色が異なるため、フラボノイドとアントシアニンを分けて、花の色素については、カロテノイド、フラボノイド、アントシアニン、ベタレインの4つに分類することが多い。

今まで紹介した色素は、脂溶性（カロテノイド、クロロフィル）と水溶性（フラボノイド、アントシアニン、ベタレイン）に分けられる。カロテノイドとクロロフィルは色素体に沈着または結晶の形で、フラボノイド、アントシアニン、ベタレインは液胞内の細胞液に溶け

**4–5** 植物の色

| 色素名 | 色 | 性質 | 紫外線吸収度 |
|---|---|---|---|
| クロロフィル | 緑 | 脂溶性 | 中 |
| カロテノイド<br>（カロテン）<br>（キサントフィル） | 赤〜橙〜黄 | 脂溶性 | 弱〜中 |
| フラボノイド | 無色〜淡黄 | 水溶性 | 強 |
| アントシアニン | 赤〜紫〜青 | 水溶性 | 強 |
| ベタレイン<br>（ベタシアニン）<br>（ベタキサンチン） | 赤〜橙〜黄 | 水溶性 | 弱〜中 |

＊紫外線吸収度は色素の種類（たとえばアントシアニンは500種類以上がある）や濃度によっても異なるので参考程度

た状態で存在する。たとえばアサガオの色水遊びは、アントシアニンが水溶性であることを利用し、酸性（酢やレモンの絞り汁）とアルカリ性（重曹水）で色の変化を楽しむものである。アントシアニンは酸性かアルカリ性かの条件により赤〜紫〜青色に変化する。

ベタレインは植物の特定のグループに含まれる色素で、赤紫色のベタシアニンと黄色のベタキサンチンのふたつからなる。それらが混ざることにより、赤色や橙色となる。オシロイバナ、ブーゲンビリア、サボテンの花などはベタレインによって発色している。

植物体のいろいろな場所に色素が見られるが、最もカラフルなのは花である。それは私たちを楽しませるためではない。虫や鳥によって花粉を運んでもらうために、進化したのである。

## 5 動物の体色（色素と構造色）

動物の体色は色素によるものと、構造色によるものとに分けることができる。色素はこれまで述べたように、ある特定の波長を反射することによって発色する。

色素には体内でつくられる色素と食べ物由来の色素がある。哺乳類と鳥類がつくることができる色素は、メラニン色素だけである。メラニン色素にはユーメラニンとフェオメラニンの2種類がある。鳥の場合は羽色が重要であり、スズメのようにメラニン色素のバリエーションで、白〜茶〜茶褐色〜黒が発色する。遺伝的疾患により、このメラニンが形成されない場合には、体色は白く、目だけは毛細血管内のヘモグロビンにより赤色になる。この個体をアルビノという。

カラフルな鳥の色は、カロテノイドと構造色による。餌から取り込んだ赤色や黄色のカロテノイド色素を蓄積し、発色するものが多い。またカロテノイドはタンパク質と結びつき、青や緑色を発色する。フラミンゴのあの美しいピンク色は、餌である甲殻類《こうかくるい》や藻類《そうるい》から取り込まれたカロテノイド由来である。羽毛を形成するときに、カロテノイドが血中から移動して、羽毛に沈着する。また羽に色素を塗りつける鳥もいる。トキは繁殖期に雌雄ともに頸部《けいぶ》から出る黒色の物質を体につけ黒くする。

**5-1** メラニン色素の組み合わせによるスズメの羽色
**5-2** 構造色によるタマムシのきらびやかな色

**5-3** 餌から取り込んだ色素によるベニイロフラミンゴの羽色
**5-4** 青色の羽色は構造色（ルリビタキの雄）

鳥の紫外線写真では同じような色でも紫外線を吸収する場合と反射する場合がある。含まれる色素が違うからである。たとえばオウサマペンギンの黄色とキセキレイの黄色は紫外線反射が異なる。オウサマペンギンの黄色にはメラニン色素が含まれているから紫外線が吸収され、キセキレイはカロテノイドによって黄色が発色しているのでかなり紫外線反射が見られる。

それに対して体の微細な構造によって生じる色もある。それが構造色である。シャボン玉は太陽の光を受けて、きらびやかな様々な色を醸し出す。シャボン液は透明

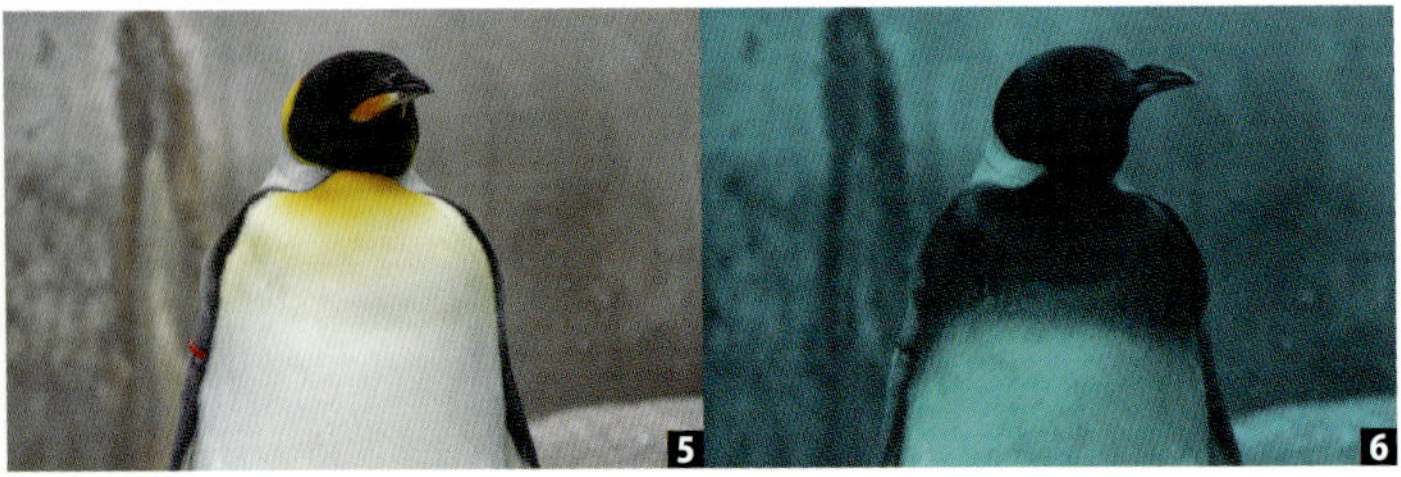

**5-5** オウサマペンギン
**5-6** 紫外線写真（胸の黄色の部分はメラニン色素で、強く紫外線を吸収する）

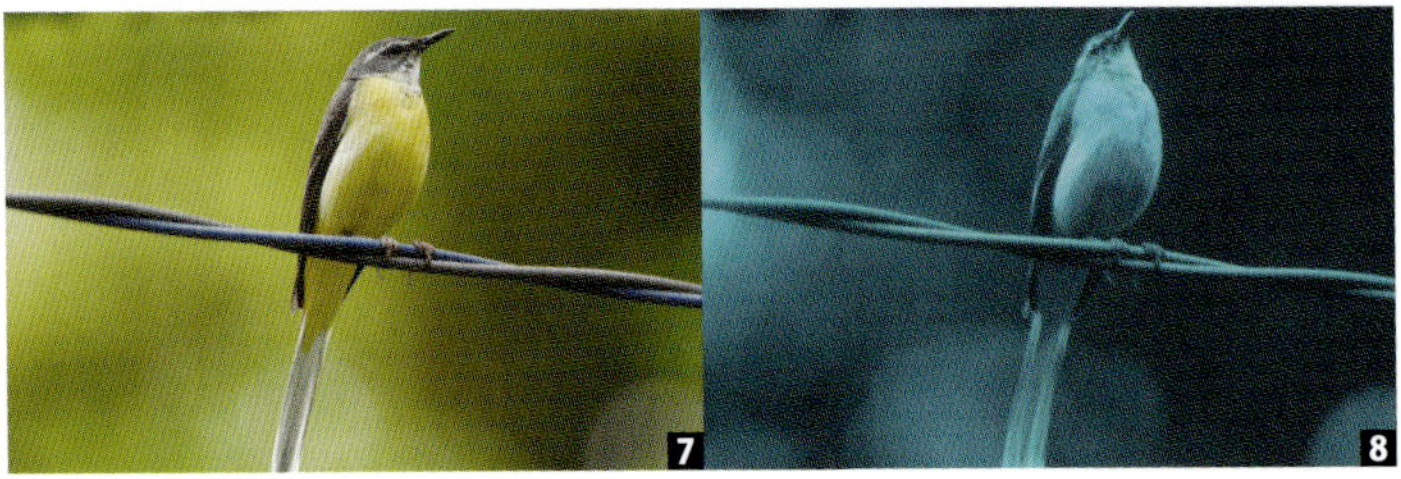

**5-7** キセキレイ
**5-8** 紫外線写真（胸の黄色の部分はカロテノイドで、紫外線吸収はそう多くない）

だが、シャボン玉に光が当たると、膜の表面で反射する光と、膜の内側で反射する光が干渉して特定の波長が生じ、色として目に届くからである。またシャボン玉は重力により、下の膜が厚くなっている。見る角度と膜の厚さの違いにより干渉の条件が異なるため、様々な色をつくりだす。CDやDVDの表面に見られる虹のような色彩もミクロな構造によって起こる干渉や回折《かいせつ》によりつくりだされる。このように光の波長やそれ以下の大きさの微細な構造による光の干渉、屈折、回折、散乱などにより、発色する色を構造色という。構造色を生じる一般に１〜１００nmの微細構造をナノ構造という。構造色は、金属光沢で、見る角度により色が違って見える性質がある。

構造色を持つ動物の例をいくつかあげると、カワセミやルリビタキの青色、モルフォチョウの青色、タマムシのタマムシ色、チョウトンボの翅《はね》の色などがある。魚やミミズにも構造色を持つものがいる。構造色と色素両方によって色が出ている場合もある。また構造色は色素が裏打ちとなり、発色するものが多い。

構造色は、その構造が壊れない限り発色する。法隆寺《ほうりゅうじ》の玉虫厨子《たまむしのずし》の色が１３００年後の今でもあせることなく残っているのは、その色が色素によってではなく、構造色によって発色しているからである。

## 6 紫外線写真からわかること

紫外線をカメラで撮るのは簡単ではない。普通のカメラは紫外線や赤外線をカットするフィルターが入っているのでそれを取り除き、紫外線を通す蛍石《ほたるいし》や石英《せきえい》でつくられたレンズ、あるいはコーティングがなくレンズの枚数が少ない古いレンズをつける。そのままだと紫外線だけでなく可視光線や赤外線も写ってしまうので、紫外線透過フィルターと赤外線カットフィルターをつけて撮影する。使用するカメラのCCDやCMOSによって紫外線写真の色合いは異なるが、紫外線吸収部は青紫~赤色になる。私は波長360nm前後の紫外線透過フィルターをつけて撮影しているが、より波長の長い透過フィルターを使用した場合青みがかり、波長の短いフィルターを利用した場合赤みがかる。紫外線が見える動物にとっては紫外線が吸収された部分は紫外色が薄く、反射された部分は紫外色が濃く見える。動物に紫外色がどのような色に見えているかはわからない。この本の紫外線写真は全て色相だけを転換し青系に統一している。

赤いリンゴを紫外線写真で撮ると、紫外線をかなり吸収していることがわかる。紫外線の吸収度は含まれる色素の濃度や配列によっても変わるが、カロテノイドはかなり紫外線を反射する。フラボノイドとアントシアニンは吸収し、メラニンは強く吸収する。そのため紫外線吸収率により大まかな色素がわかる。赤いリンゴの色素は、赤色をしており、紫外線をかなり吸収

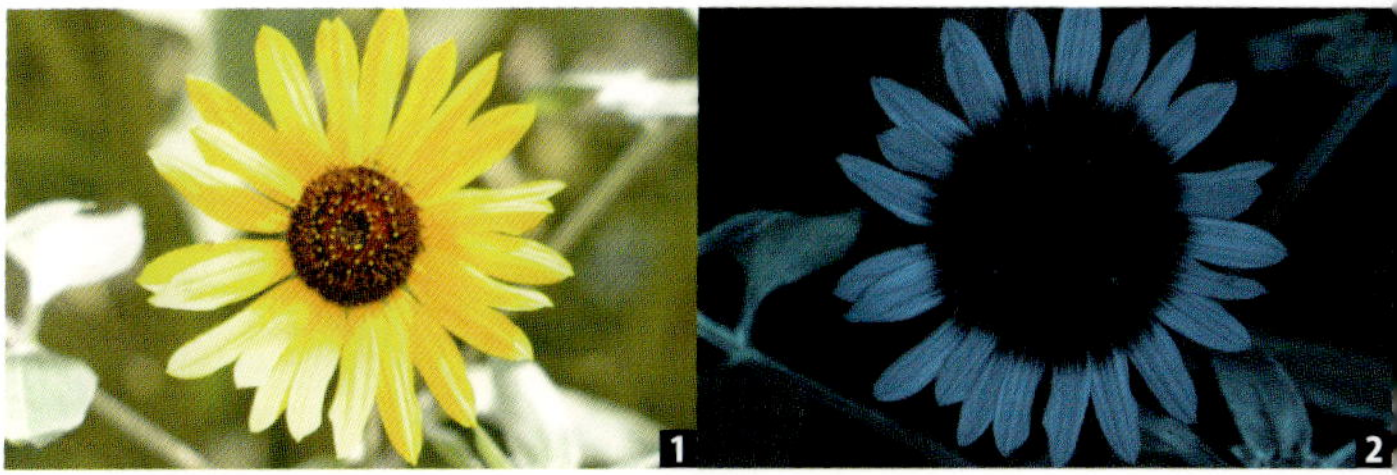


**6-1** ヒマワリの花
**6-2** 紫外線写真（花びらの中心部の広い範囲で紫外線を吸収している）

**6-3** 赤いリンゴ
**6-4** 紫外線写真（赤い色素のアントシアニンにより紫外線が吸収される）

するので、アントシアニンであろうと推定できる。リンゴはアントシアニンの赤い色によって熟したことを動物に教えている。果実が動物に食べられて糞《ふん》として出された種子が、世代を受け継いでいく。アントシアニンの赤色の役目はそれだけではない。紫外線による内部組織の破壊を食い止めている。

　また同じリンゴでも見る目が違えば色も違って見えるはずである。昆虫は複眼を使ってどんなふうに見ているのだろうか。実験からは、ミツバチは人と同じように形も見ているらしい。ミツバチの色覚は、ひとつの個眼に紫外線、青、緑の視細胞を持っている。ミツバチのひとつの複

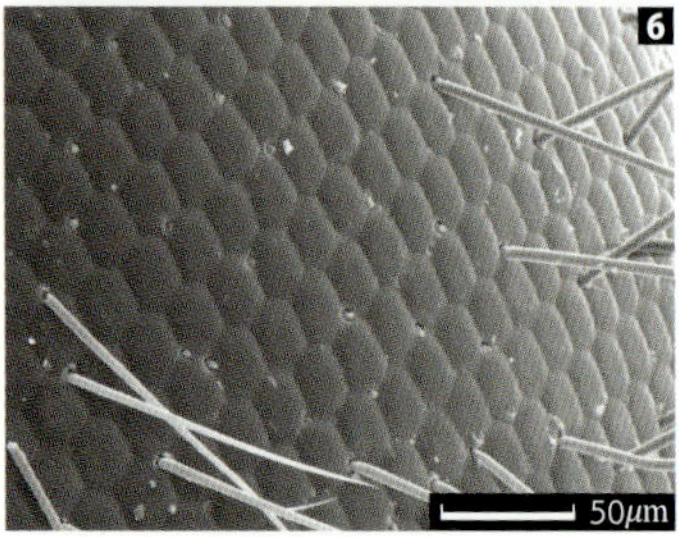


**6-5** オオイヌノフグリとセイヨウミツバチ

**6-6** ミツバチの目の電子顕微鏡写真（小さな仕切りは個眼を示す）

眼は5000個の個眼の集まりであり、これは5000画素のCCDのカメラに相当する。複眼の視力は極めて悪く、ミツバチの視力はヒトの約100分の1といわれている。一般に昆虫は赤が見えず、ヒトの見える波長より短波長側にずれており、紫外線が見えている。複眼は視力が悪いが、紫外線が見える能力で、それを補っている。紫外線によって蜜のありかを知ることができるのである。

人同士でも紫外線域と赤外線域で見える波長の幅が、若干異なっている。もし紫外線を見ることができる人がいても、その人が見ている世界は他の人には体験できない。

上：キジ　下：肉垂の魅力

我々哺乳類が見えない紫外線を多くの動物は役立てている。紫外線で見ると簡単に雌雄が区別できるチョウなど、紫外線が求愛や子育てに大きな役割を果たしていると思われる動物を見ていこう。

# 1 モンシロチョウの雄は紫外線を吸収する

チョウの中でも、シロチョウ科とシジミチョウ科のチョウは、雄と雌で可視光線と紫外線の写真で大きく異なって見える。モンシロチョウの雄の翅は紫外線を吸収し、雌は反射する。翅の裏側も同様である。菜の花畑に飛び交うモンシロチョウは私たちには見分けが難しいが、紫外線が見えるチョウには容易である。

日本で見られるシロチョウ科の白いチョウのほとんど全てが、雌より雄のほうが紫外線を吸収している。その中で特に雌雄で紫外線吸収度の差が大きいのはモンシロチョウで、次にスジグロシロチョウである。他は種により差が見られるがそれほどでもない。モンシロチョウの祖先はヨーロッパで生まれたが、ヨーロッパの雌はそれほど紫外線を反射しない。ヨーロッパから南アジアまで広がり、紫外線を反射する雌が現れたと考えられている。

なぜ雌雄で紫外線吸収度が異なるのだろうか。雌雄の翅を電子顕微鏡で撮影し構造の違いを比べると、雄の紫外線を吸収する鱗粉《りんぷん》は格子状の窓の中に粒子が詰まっている。しかし、雌にはこの粒子が見あたらない。紫外線吸収部にこの粒子が見られることから、この粒子が紫外線を吸収している色素顆粒《かりゅう》であることがわかる。

写真はハルジオンの蜜を吸っている雌に交尾のために近寄っている雄である。雌は腰部をあ

**1-1** モンシロチョウの雌（左）と雄（右）
**1-2** 紫外線写真（紫外線を反射している左側が雌、吸収している右側が雄）

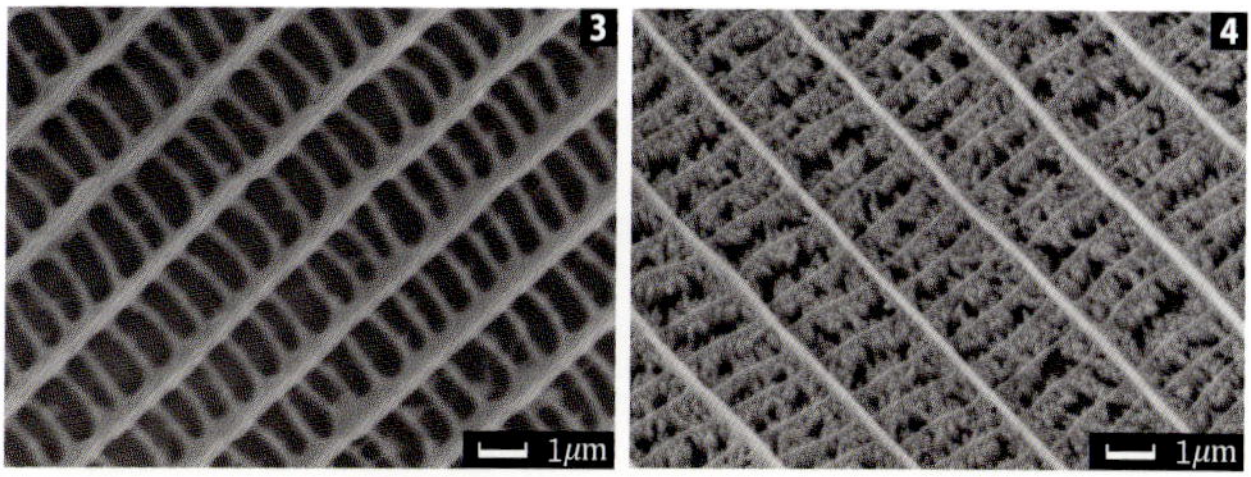


**1-3** 雌の鱗粉（電子顕微鏡写真　格子状の窓の中に粒子が見られない）
**1-4** 雄の鱗粉（電子顕微鏡写真　格子状の窓の中に粒子が見える）

げている。交尾後のモンシロチョウの雌は後ろから近づいてきたチョウが同種の雄か雌かすぐ紫外線反射で判断して、雄の場合このように腰部をあげて交尾拒否行動をとる。雄は雌が飛び立ってもしつこく追いかけ回したが、雄は交尾をあきらめざるを得なかった。大部分のチョウの雌は1回交尾すると、雄が近づくとこのような行動で、交尾を拒否する。

　菜の花畑にいるチョウの大半は羽化する雌を待っている雄である。羽化してからの時間の経過とともに鱗粉の量が減るため、雄では紫外線吸収量が少なくなり、雌では紫外線反射光が少なくなるので、モンシロチョウは紫外線で相手の若さがわかるという報告もある。鱗粉は一度取れると再生はしない。

## 2 キチョウの構造色は紫外線だけを反射する

シロチョウ科とアゲハチョウ科の一部では翅の白い色の部分の紫外線反射が雌雄で異なっている。前述のように、日本に生息するモンシロチョウなど、シロチョウ科の白い色のチョウの雌は紫外線を反射する。雄は程度の差はあるがいずれも紫外線を吸収した。

ところがシロチョウ科のキタキチョウは雄の黄色い部分が紫外線を反射し、雌は吸収した。以前は本州で見られるチョウはキチョウと呼ばれていたが、2005年以降、本州から南西諸島に生息するキタキチョウと、南西諸島だけに生息するキチョウの2種に分けられた。このキタキチョウの雄の翅は撮影する角度によってその紫外線反射量が変化した。これは構造色の発色のしかたと似ている。鱗粉を電子顕微鏡で見ると楕円《だえんけい》形の顆粒が見える。これは黄色の色素顆粒であると考えられている。このキタキチョウの雄の翅は鱗粉の長い方向に沿って細かい筋がついていて、このひとつひとつの筋が棚《たな》構造になっており、多層膜構造になっている。それが多層膜干渉を引き起こし、構造色を示すことが、アメリカに分布するリサキチョウで報告されている（Ghiradella, H., et al., 1972）。

「生きている宝石」と呼ばれているモルフォチョウは中南米に約80種類生息している大型のチョウである。この青くきらめくチョウは構造色を代表するものとしていろいろな本に記されて

**2-1** キタキチョウの雄（左）と雌（右）
**2-2** キタキチョウの雄（左）と雌（右）の紫外線写真（雄は角度により黄色の羽の部分が紫外線反射をする）

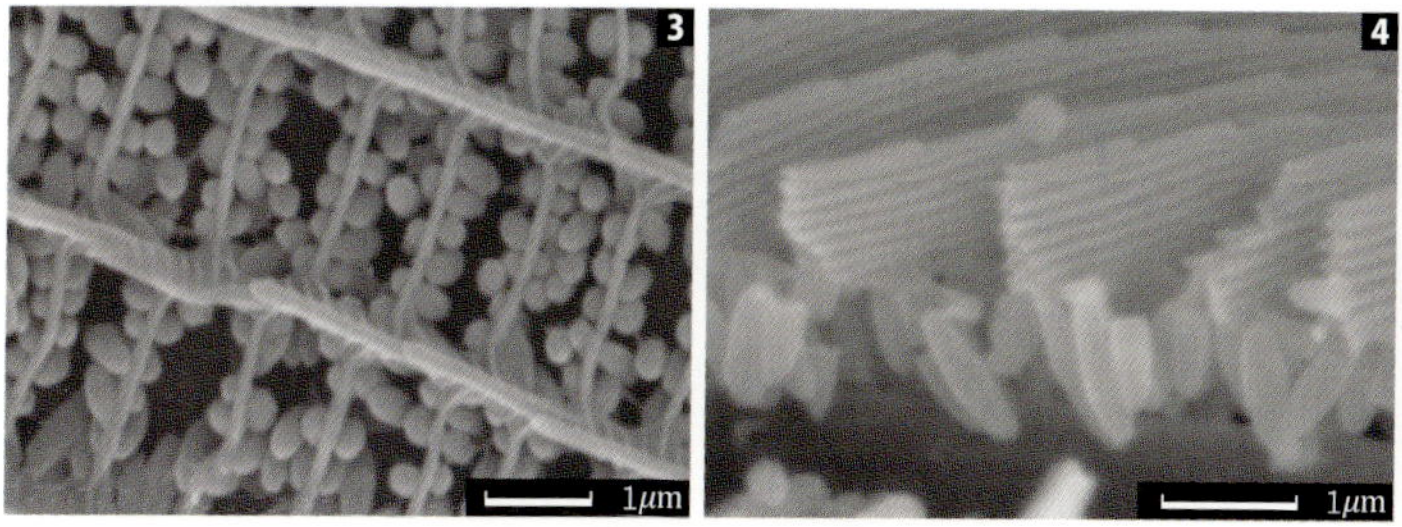


**2-3** キタキチョウの雄の黄色い鱗粉の電子顕微鏡写真（表面）
**2-4** キタキチョウの雄の黄色い鱗粉の電子顕微鏡写真（断面）

いる。モルフォチョウの青く輝く鱗粉の筋を切って断面を見ると、キタキチョウと同様に横方向の突起がやや斜めに棚のように重なって見える。この棚のそれぞれで反射した光が干渉して、金属光沢の青色に見える。モルフォチョウの場合は青色の光だけでなく紫外線も反射する。

雄のキタキチョウはモルフォチョウと同じ構造で紫外線だけを反射している。それも少し角度が変わるだけで大きく変化する。電子顕微鏡で見た鱗粉の断面で、筋の下にラグビーボールのようについているのが、表面の写真で楕円形に見えた顆粒である。キタキチョウは紫外線反射により、互いに雌雄を容易に見極めている。

**2-5** オーロラモルフォ
**2-6** 紫外線写真（構造色による紫外線反射が見られる）

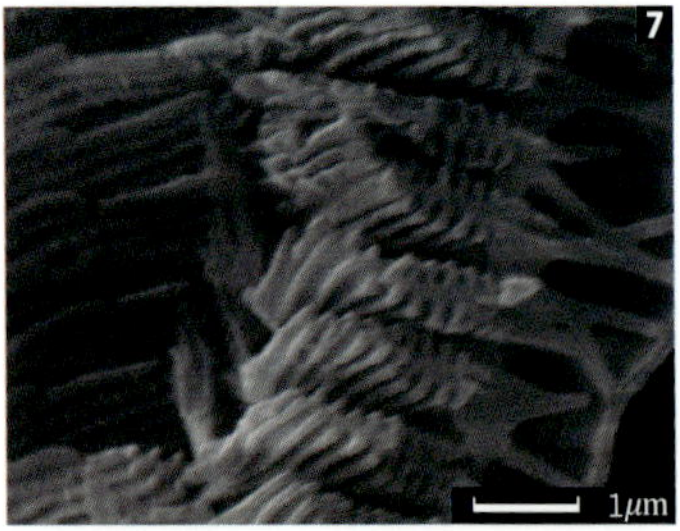


**2-7** エガーモルフォの鱗粉の電子顕微鏡写真（断面）

## 3 ツマベニチョウの雄と雌

シロチョウ科のツマベニチョウは九州南端以南に生息しているチョウである。大型で、素早く飛ぶ。名前のとおり、翅の端の部分が紅色をしている。雄はこの紅色が鮮やかで、雌は橙色に近い。このチョウの白い色をした翅の部分は、雄は紫外線を吸収し、雌は紫外線を反射している。逆に雄の紅色の部分は紫外線を反射する。それも角度によって紫外線反射量は大きく異なる。雌の橙色の部分は紫外線を吸収する。この紫外線反射は、白い部分はモンシロチョウと同じように紫外線を吸収する粒子がないか、あるいは少なく、紅色の部分の紫外線反射はキタキチョウの雄の黄色い部分と同じように構造色によるものである。紅色の色や橙色は色素による色彩で、紫外線反射はナノ構造による構造色である。このことは、チョウ同士の種の認識に役立つだけでなく、端の紅色・橙色と紫外色で、毒があることを示す警告色としての役割があると思われる。美しいチョウには毒がある。

２０１２年、オーストラリアの研究チームがツマベニチョウの翅や幼虫の体液に、イモガイと同じ猛毒である「コノトキシン」を見つけた。イモガイは肉食の巻き貝の一種で、体内で合成したこの神経毒を毒針に仕込み、獲物に打ち込み麻痺《まひ》させて捕らえる。南の国の海では派手な模様を持った円錐《えんすい》型の貝がいても手を出さないよう注意してほしい。強い毒を持ったイモガ

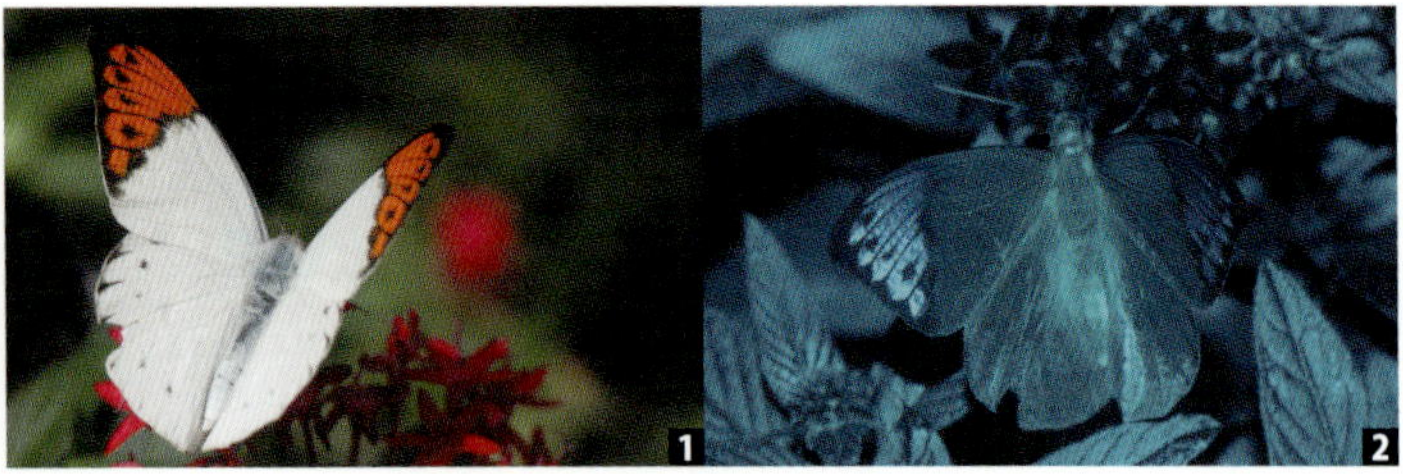

**3-1** ツマベニチョウの雄
**3-2** 紫外線写真（雄の翅の先端の紅色部分は紫外線を反射する）

**3-3** ツマベニチョウの雌
**3-4** 紫外線写真（雌の翅の先端の橙色部分は紫外線を吸収する）

イに刺されると、死に至ることがある。

ツマベニチョウも、この毒で捕食者のカエル、トカゲ、アリから逃れているという。多くの毒蝶《どくちょう》は食草からその毒を得ているが、ツマベニチョウの持つ毒の由来はまだわかっていない。このチョウの食草は日本では主にフウチョウボク科のギョボクである。もし毒が食草由来で、地域によってチョウの食草が異なっていれば、毒の有無が生じる。

鱗粉でなく体液に毒があるので、ツマベニチョウに触っても何ら問題はない。

## 4 ボルネオのチョウ2種

アカエリトリバネアゲハは、翅を広げた状態では15cmもある。アルフレッド・ラッセル・ウォーレスがこのチョウを発見し、名前をつけた。このチョウはマレー半島とマレー諸島特有のチョウである。この島々は氷河期には陸続きで、1万年前は大陸（スンダランド）になっていた。このスンダランド以外には分布していないチョウである。この大型のチョウがゆっくりグライダーのように舞っているのは、食草となるウマノスズクサ科の植物に毒があり、その毒を体に持っているからであろう。一度襲った鳥は、その味に懲りて二度とは襲わない。ボルネオではムル国立公園やキナバル登山口で、よく見かけるチョウである。何回かアカエリトリバネアゲハの雄が100匹ほど群れて吸水しているのに出会ったことがある。雄の羽の中央のメタリックの金緑色は構造色である。翅の黒い部分と同様に紫外線を吸収した。雌は見かけることが少ないが、金緑色のメタリックな色の外側部分が白くなっている。その白色の部分が紫外線を反射する。雄はその紫外色で容易に雌と判断できる。

ベニハレギチョウはおしゃれな色をしたチョウである。低山帯の林縁などに見られるチョウであり、このチョウもスンダランドに分布している。翅を閉じているときは、細やかな赤・黒・白の艶《つや》やかな模様がある。翅を開いたときに撮影すると翅の外側の白い部分が紫外線を反

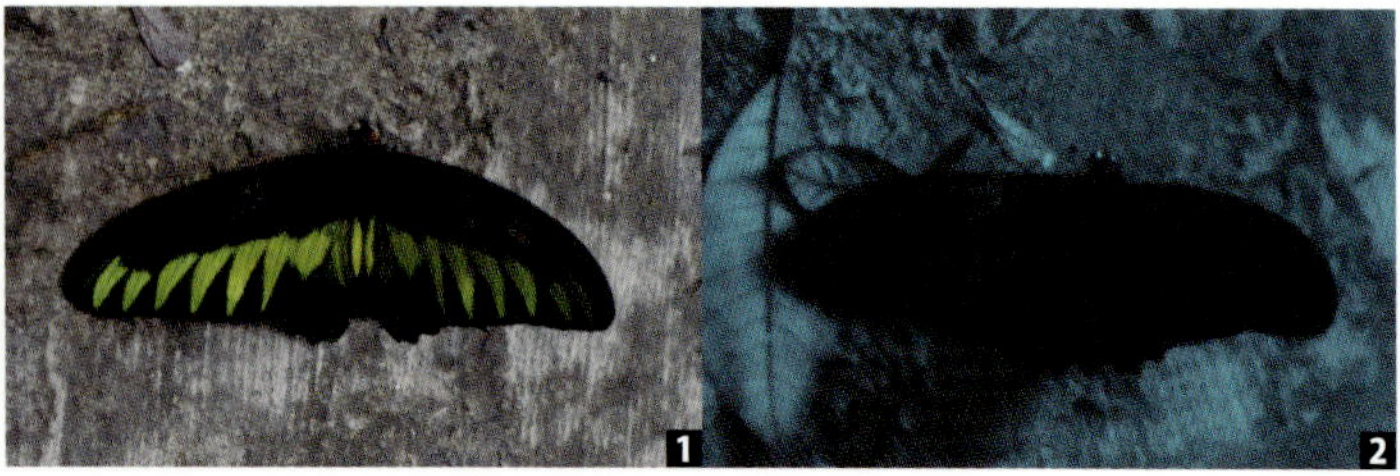

**4-1** アカエリトリバネアゲハの雄
**4-2** 紫外線写真（金属光沢の部分も紫外線を吸収する）

**4-3** ベニハレギチョウの雄
**4-4** 紫外線写真（翅の橙色の部分が強く紫外線を反射する）

射した。また翅の中央部を占める橙色の部分も強く紫外線を反射した。今までキチョウなどのシロチョウ科以外に、ナノ構造が紫外線だけを反射する例は報告がないと思われる。だが、ベニハレギチョウでは、シロチョウ科とは紫外線反射のしかたが異なり、強く反射している。シロチョウ科とは別の構造で反射しているのだろう。よく見ると橙色の部分だけでなく、上部の黒色の部分も反射している。

## 5 ヤマトシジミは太陽の下で求愛する

シジミチョウで最も身近なチョウはヤマトシジミである。カタバミが食草であり、カタバミに、産卵や花の蜜を吸いに飛んでくるのを見かける。

太陽が照ると、雄は雌の前で翅を広げて盛んに翅を小刻みに振るわせていた。求愛行動と思われる。求愛行動は、光が当たることによって温度が上がり活発に行動できるようになるからだが、それだけでなく、雄の青色の翅の部分に光が当たると強く紫外線が反射し、雌に強くアピールできることも一因であろう。一般には鳥と異なり、チョウの雄の翅は求愛行動に使われないといわれている。しかし、このヤマトシジミの雌に対する行動は求愛行動であろう。ヤマトシジミの青色は色素でなく、構造色である。そのナノ構造により紫外線も反射され、ヤマトシジミの青色部分の紫外線反射が大きくなっている。

チョウのひとつの複眼に含まれる個眼の数は体の大きさに比例しており、約3000個〜1万2000個である。個眼の数によって異なるが、視力はヒトの100分の1程度である。日が照ると青色と紫外色で強く光り輝き、雌にアピールできるのだろう。

また、きれいなチョウとして知られるミドリシジミの翅も構造色である。6月頃、日暮れのときに高いハンノキの上のほうで、雄のミドリシジミが縄張り争いでクルクル回っているのが

**5-1** ヤマトシジミの雄
**5-2** 紫外線写真（太陽光線を浴び強く紫外線を反射する）

**5-3** ミドリシジミの雄（左）と雌（右）
**5-4** 紫外線写真（雄の青緑色と雌の青色の斑紋は紫外線を反射する）

観察できる。日中は下の草原や低木に休んでいるが、翅を閉じている場合が多い。ときには日光浴のためか、翅を広げている場合がある。雄の表の青緑色の部分と、雌の前翅《ぜんし》表の青色の斑紋《はんもん》の部分は、いずれも強く紫外線を反射する。

同じシジミチョウの仲間でも、ウラギンシジミの雄の表には橙《だいだい》斑《はん》が、雌の表には灰青斑《はいあおはん》があり、橙斑は紫外線を吸収し、灰青斑は紫外線を強く反射する。このチョウは他のシジミチョウと異なり、雄ではなく雌が紫外線を反射している。紫外線が見えるシジミチョウは可視光線の色と紫外色を合わせた色で同種を見分けて、雌雄の判別ができる。チョウは視覚によって交尾相手を探し、嗅覚《きゅうかく》を使って相手を確認しているのが一般的である。

チョウの色彩や斑紋が豊かになったのは、捕食者である鳥から逃れるためと考えられている。たとえば美しい色彩を持つチョウがとまった瞬間に翅を閉じて、裏翅の隠蔽《いんぺい》色でその行方をわからなくしてしまう「はぐらかし効果」などである。そこでは紫外色も大いに役立っていると思われる。

ウラギンシジミが翅を閉じたときは雌雄いずれも銀白色で紫外線を強く反射し、飛んでいるときは開いたり閉じたりしてフラッシュ状態になり、鳥などの捕食者の目くらましにも役立っていると思われる。

## 6 マミジロハエトリの求愛ダンス

クモは全て糸を出すが、日本産の約6割は網を張るクモで、4割は徘徊《はいかい》性のクモである。網を張るクモは視力はあまり良くない。網を張るクモは餌をとることも、求愛も網の糸の振動に頼っている。それに対して徘徊性のクモは網を張るクモより視力が発達している。

クモは8個の単眼を持っているが、ハエトリグモは正面の目が大きく、ヘッドライト型をしている。カメラのレンズを向けると素早く察知して、レンズのほうに目を向ける。徘徊性のクモの中でもハエトリグモとコモリグモの仲間は特に視力が発達している。これらのクモは求愛ダンスをするクモとして知られている。求愛のときに雄は前脚を雌の前に振りながら求愛ダンスをする。ダンスをする際には雌の正面を向き前脚を振り上げるので、顔の前面や前脚が目立つ色や形になっているものも多い。

マミジロハエトリは名前のように、雄の額（頭胸部の前面部分）がまゆ毛のような形で白くなっている。またパルプ（触肢《しょくし》の先端の膨らみ部分で精子が入っている交尾器）の毛が白くなっている。前脚の一部分も白くなっている。この白い毛の部分が強く紫外線を反射する。この強い紫外色は雌のマミジロハエトリを惹《ひ》きつけるだろう。ハエトリグモの雄は派手な色彩や毛の飾りを持つものが多いが、雌は一般に地味である。雌は捕食者から狙《ねら》われないよう地味な色合

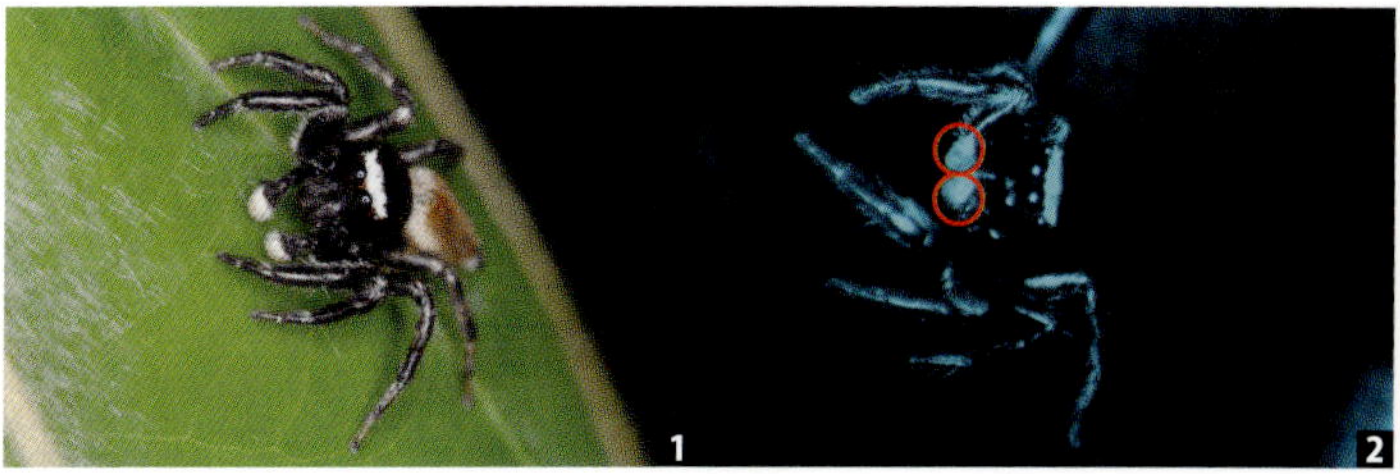


**6-1** マミジロハエトリの雄
**6-2** 紫外線写真（額と触肢のパルプの部分〔赤丸〕が紫外線を反射している）

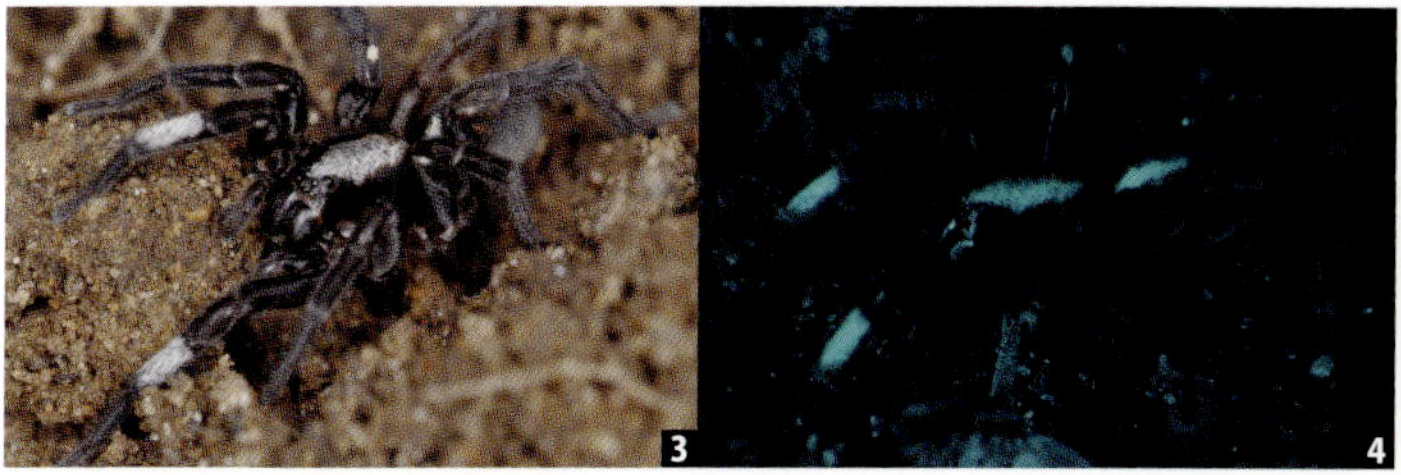


**6-3** ヒノマルコモリグモの雄
**6-4** 紫外線写真（第１脚と頭胸部と腹部の白い毛の部分が紫外線を反射している）

いをしているが、雄は雌からダンスを見て選んでもらうために派手さが求められている。カラフルなハエトリグモが多いのはそのためである。

コモリグモは名前のとおり卵《らん》嚢《のう》から出てきた仔《こ》グモを腹部の上にのせて保護するクモである。林内の落葉中に見られるヒノマルコモリグモは雌雄で色彩が異なり、雌は全体が茶褐色で目立たない色である。雄の体は黒色で写真のように白い毛が生えている。この部分が強く紫外線を反射する。この第1脚を盛んに雌の前で振り、求愛行動をする。

## 7 構造色を持つクモの紫外線反射

日本には約1500種類のクモが生息している。色彩豊かなクモも見られるが、大半は色素によるもので、構造色を持つものはそう多くはない。構造色を持つものは、アオオビハエトリ、チャイロアサヒハエトリ、キアシハエトリなどである。ハエトリグモは目がよく、雄は雌に対して求愛ダンスを踊る。構造色によるきらびやかさは雌にアピールするのに役立っていると思われる。

アオオビハエトリはアリを補食する小さなカラフルなクモで、アリの多くいる場所に見られる。名前のとおり頭胸部の周りに青い帯がある。脚には青紫色の毛が生えている。いずれも光の当て方で色が変わる。毛をとって顕微鏡で覗《のぞ》くと、構造色で輝く。その断面を電子顕微鏡で調べると、袋状の中に格子の構造がある。毛の表面の膜と内側の格子の二重構造による干渉効果によって毛の構造色が生じているという（荒川真子他、2007）。アオオビハエトリの構造色の毛の部分は紫外線で撮影すると紫外線の波長に近い青や青紫色のためか、紫外線の反射も見られた。わざわざエネルギーを使って複雑なナノ構造をつくり、構造色を発色する仕組みは求愛ダンスの際、そのきらびやかさが雌に選ばれて発展したのだろう。

しかし、構造色を持つものはハエトリグモだけではなかった。徘徊性のコマチグモ科のアシ

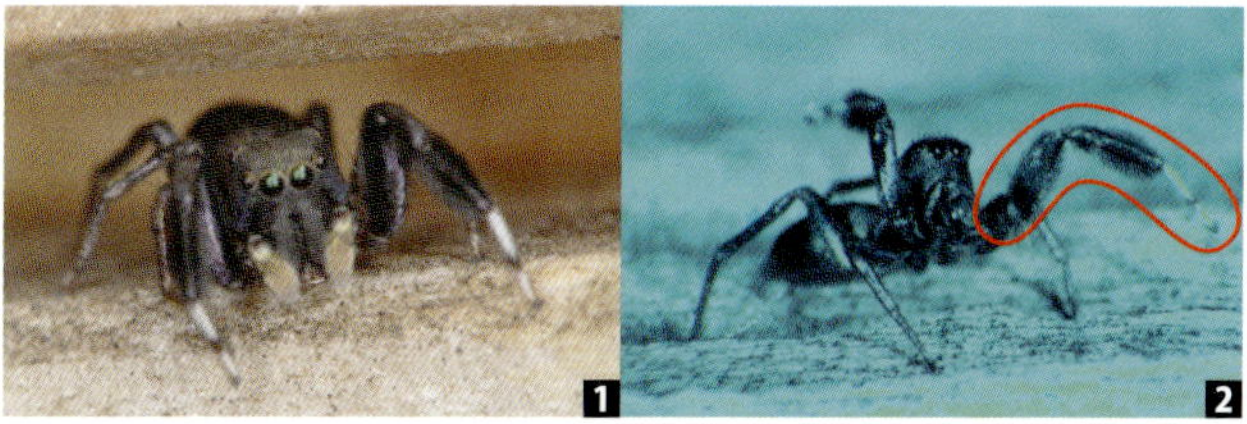


**7-1** アオオビハエトリの雄
**7-2** 紫外線写真（第１脚の先端にある白い毛が紫外線を反射している。構造色の部分はやや反射が見られる）

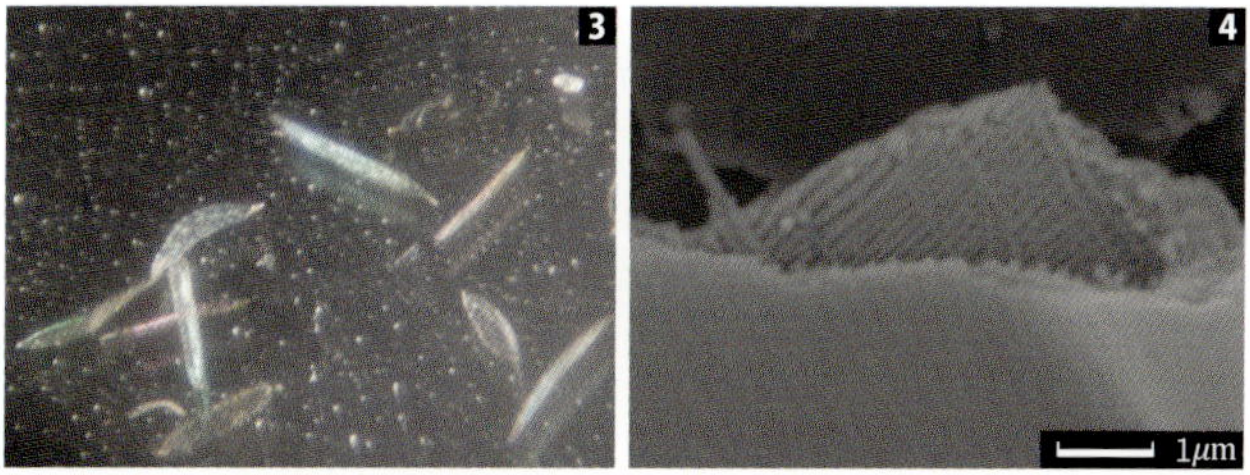


**7-3** アオオビハエトリの毛の構造色
**7-4** 毛の断面の電子顕微鏡写真

ナガコマチグモとヤサコマチグモも脚の毛が構造色によって青く光る。これらのクモの視力はハエトリグモに比べてそう良くないし、求愛ダンスはしない。また紫外線を強く反射するわけではないので、餌となる昆虫の誘引にはあまり関係なさそうである。構造色を発色するためにはそれなりにエネルギーを使う。コマチグモは幼体では識別が難しいが、構造色の色が出ていれば他のコマチグモでなく、アシナガコマチグモかヤサコマチグモであると区別できる。ひょっとしたら交尾する時期に、クモ同士は匂いだけではなく近くでその構造色を見て同種と判断する手がかりとしているのかもしれない。

## 8 日本とボルネオのチョウトンボの違い

トンボの体色は色素と構造色による。濃い青い翅を持つトンボの中で、チョウトンボやアオハダトンボなどは太陽の光を受けてキラキラと輝く構造色を持っている。トンボの構造色で最も気になっていたのが、ボルネオの水辺で見かけるチョウトンボに近い *Rhyothemis triangularis* である。東南アジアに広く分布するチョウトンボで、和名がないので、トリアングラリス・チョウトンボとする。翅の付け根の部分は光が当たらないと真っ黒であるが、光が当たると濃い青色のきらめきが美しいトンボである。マレーシアの昆虫切手にもなっている。この構造色の部分は紫外線を強く反射する。青い部分は構造色で発色した青色と紫外線以外を色素が吸収し、よりはっきりと紫外色が出ている。強い紫外線が降り注ぐ熱帯の太陽光線の下で、紫外色は相手の認識に大きな役割を果たしているだろう。

紫外線写真撮影では、トリアングラリス・チョウトンボの青色部分は光り輝くように紫外線反射が見られたが、日本のチョウトンボは異なっている。日本にいるチョウトンボの雌雄の展《てん》翅《し》標本を撮影すると、青色部分は紫外線を吸収する。しかし、野外で撮影したチョウトンボは雌雄ともに光の当たり方や翅の角度によっては部分的に紫外線反射が見られた。他のトンボの透明な翅でも鏡のように反射することで、このような紫外線反射が見られることがある。

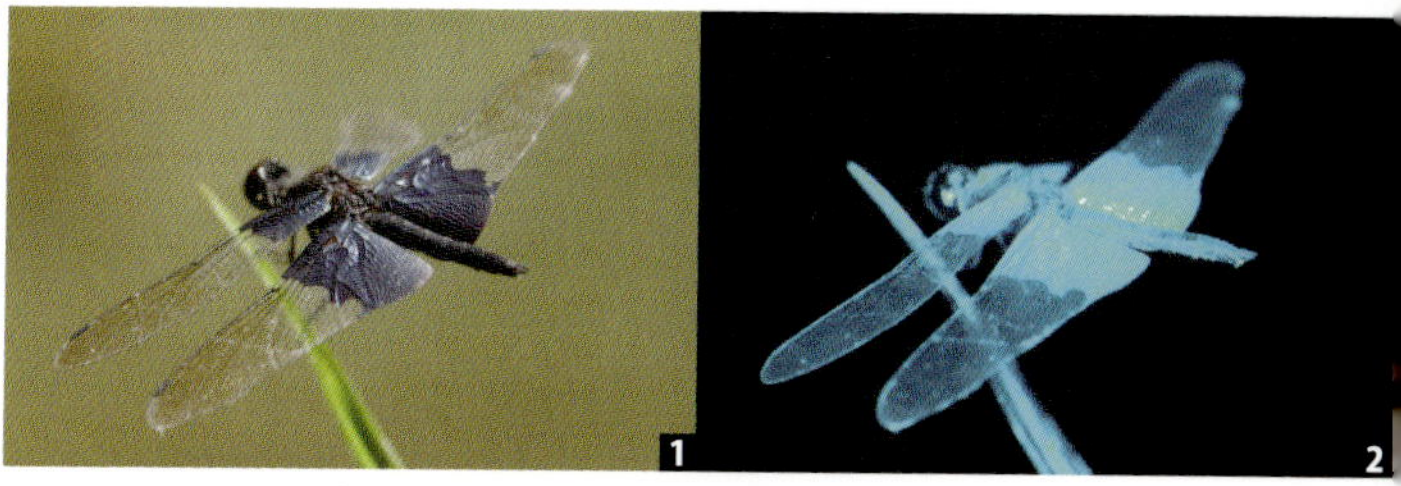

**8-1** トリアングラリス・チョウトンボの雄
**8-2** 紫外線写真（翅の黒色の部分の紫外線反射が強い）

**8-3** チョウトンボの雄
**8-4** 紫外線写真（翅の色に関わりなく角度によって紫外線反射が見られる）

チョウトンボの雄の翅背面は青紫色に輝き、雌は青緑色を帯びている。このチョウトンボの雌の中には青紫色をした個体が見られる。産卵する際に他の雄の妨害が入らないためと考えられている。チョウトンボ同士は紫外色を含めた翅の色によって互いの性を見分けている。

またヒラヒラと飛ぶさまは、紫外色の変化が大きく捕食者から逃れることに役立っている可能性がある。

## 9 カワトンボの紫外線反射と縄張り

春から初夏の渓流に見られるカワトンボは北海道から九州にかけてニホンカワトンボ、関東南部から九州にかけてアサヒナカワトンボが分布している。ここで紹介するカワトンボは千葉県北部に見られるニホンカワトンボである。雄は橙色の翅を持つものと無色透明の翅を持つものの2種類が存在する。雌は無色透明の翅を持つ。雄はいずれも縁紋《えんもん》が褐色で、雌は白い。縁紋は4枚の翅の先端近くの縁にある色のついた四角い紋である。この縁紋はトンボが飛んでいるときに生じる不規則な振動を調節する働きがあるという。体は金属光沢のある緑色で、雄は成熟すると白粉を帯びるようになる。

橙色の翅を持った雄は縄張りを持ち、他の雄が侵入するとすぐに追い払う。この雄は胴体の紫外線反射が強い。よい場所に縄張りを持っている雄ほど紫外線反射が強い。無色の翅を持つ雄は縄張り争いの留守を狙い、橙色の翅を持つ雄の縄張り内で産卵している雌を横取りして交尾する。この雄の紫外線反射は弱い。雌のふりをして交尾の機会を待つ雄といえる。雌の紫外線反射はほとんど見られない。縄張り行動は褐色の翅と雄の体の紫外線反射が関わっている。

橙色の翅を持つ雄と交尾した雌は、その縄張り内で長いときは30分ほど産卵行動をする。産卵場所を変えようと雌が腰を伸ばしたときに縄張り雄は再び交尾行動のため近づく。しかし、

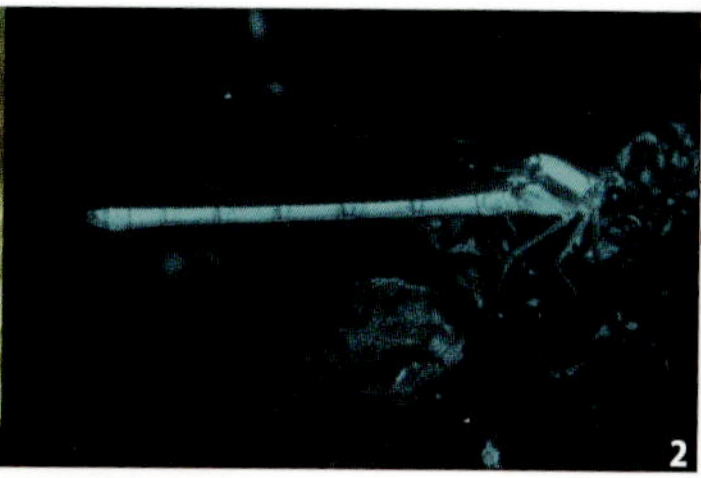

**9-1** 縄張りを持つニホンカワトンボの橙色の翅の雄
**9-2** 紫外線写真（縄張りを持つ雄の胴体は紫外線反射が強い）

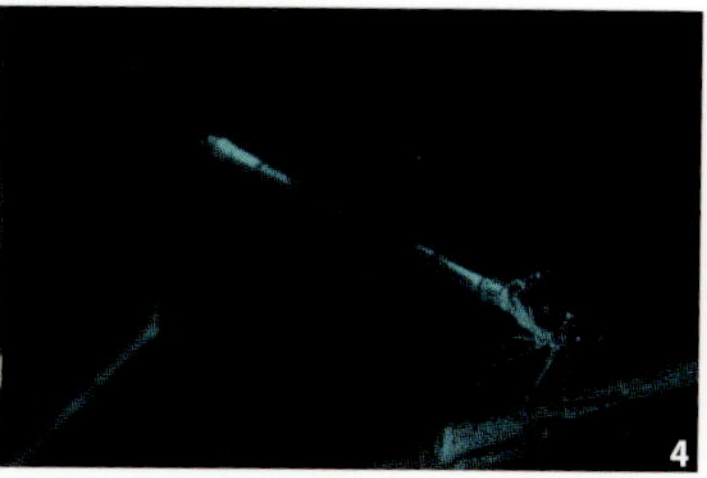

**9-3** 無色透明翅の雄
**9-4** 紫外線写真（縄張りを持たない雌型雄の胴体は紫外線反射が弱い）

**9-5** 産卵中の雌（縁紋は白い）
**9-6** 紫外線写真（腹部下面の一部が紫外線を反射しているだけである）

雌が腰を曲げていま一度産卵行動に入ると、また戻って雌に注意を払いながら縄張りを監視する。他の縄張り雄が侵入し、それを追いかけて縄張りの場所を離れたときが透明翅の雄のチャンスである。産卵中の雌に近寄り強引に交尾をする。

カワトンボにとって紫外線反射は縄張りの維持に大きな意味を持つ。よい場所に縄張りを持っていれば雌のやってくるチャンスは多い。いっぽうで、無色透明の翅を持つ雄は、白粉を帯びている部分が少なく、紫外線反射が弱いため、他の縄張り雄が侵入したときのように執拗《しつよう》に追いかけ回されない。近くにひっそりと潜み、交尾のチャンスを待っている。

## 10 紫外線を反射するアイリング

鳥の識別の際、目の周りの縁の色がポイントになる場合が多い。たとえばコチドリの目の周りの縁は黄色であり、他のチドリと識別できる。目の周りの縁をアイリングという。それは小さな羽の輪の場合もあるし、素肌の輪の場合もある。正式には羽の輪だけをアイリングというが、ここでは幅広く素肌の場合も含めてアイリングとする。アイリングが白いことから名前がつけられた鳥がメジロである。

アイリングは私たちが鳥の識別をすると同様に、視覚のよい鳥にとっては、同種の識別だけでなく多くの情報を含んでいる。たとえばメジロのアイリングが白い理由として、目の周りにつく外部寄生虫の侵入を明らかにするという説がある。この白いアイリングも紫外線を強く反射するので、異物の侵入があれば容易にわかり、求愛対象からはずされてしまうだろう。ハヤブサの幼鳥のアイリングは薄い水色で、成体になると黄色になる。ハヤブサの幼鳥のアイリングは成鳥より強く紫外線を反射する。成鳥と異なるこの幼鳥のアイリングは求愛対象とならないマークとなる。

サンコウチョウは夏鳥として飛来する。沢沿いのやや暗い林を好み「ツキ、ヒ、ホシ、ホイホイホイ」と囀《さえず》る。雄は魅惑的な形態をしている。コバルトブルーのアイリングと嘴《くちばし》を持ち、

10-1 ハヤブサの幼鳥
10-2 紫外線写真（幼鳥は成鳥に比べてアイリングの紫外線反射がやや強い）

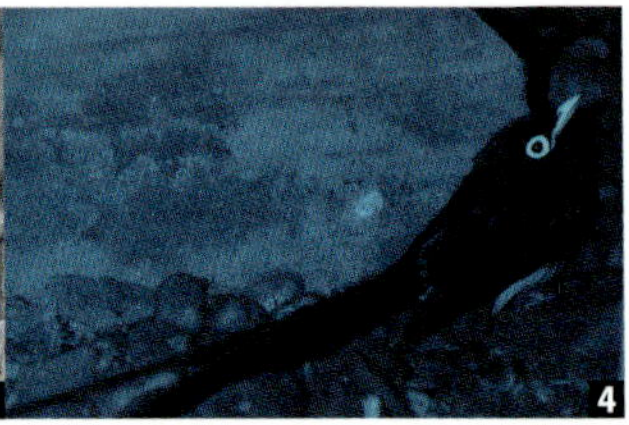

10-3 サンコウチョウの雄
10-4 紫外線写真（アイリングと嘴の紫外線反射が強い）

長い尾羽をヒラヒラさせながら木の間を飛び交う姿は優雅である。そのアイリングと嘴は強く紫外線を反射した。これはナノ構造の構造色による紫外線反射である。サンコウチョウの雌もアイリングと嘴は雄と同様に紫外線を反射する。このシグナルは同種の認識、求愛行動、雛《ひな》の給餌《きゅうじ》・子育てに関わってくる。ある種の鳥ではその色が健康状態やその鳥の年齢を示しているという報告もある。

　インコの仲間では幼鳥のときにはアイリングがなく成鳥になって現れる鳥もおり、老化するとアイリングの色が薄くなったり、形が細くなるという。

　このようにアイリングの強い紫外色は、雄の求愛行動に大きな役割を果たしている。

## 11 ツバメ、クマゲラの雄の赤色の魅力

ツバメの雌雄は同色であるが、雄のほうが尾が長い。雌が雄を選ぶ要因として尾の長さ、喉《のど》の赤さや太さ、尾羽の白斑部分の大きさについて報告されている。ツバメの雌は尾の長い雄を選ぶので、ツバメの尾はますます長くなったという研究がヨーロッパで報告されている。ところが日本のツバメの研究者から、日本では尾の長さではなく、雄は喉の赤色の部分がはっきりした赤色で、その面積が大きいほうがもてるという発表があった。ヨーロッパのツバメの雄は抱卵しないが、日本のツバメには抱卵する雄もいて、抱卵によって尾羽がすり切れたり、折れたりすることがある。それで、尾の長さより喉の赤さや大きさが一番もてる要因になったと推定されている。

尾が長くて、喉は赤く太く、また尾羽の白斑は大きい雄が選ばれる要因は、その雄が寄生虫を持っておらず、健康な体であり、またそういう遺伝的な形質を持っていることを示す。

ツバメの紫外線写真を撮ると、喉と額の赤色の部分は他のどの場所よりも紫外線を強く吸収した。そのため紫外線を吸収するこの赤色の色素はカロテノイドでなく、メラニンにより赤色を発色していることがわかる。文献によると、赤色色素にはフェオメラニン10mg／g、ユーメラニン3・0mg／gが含まれている。より多くのメラニンを合成する雄は十分な餌をとる遺伝

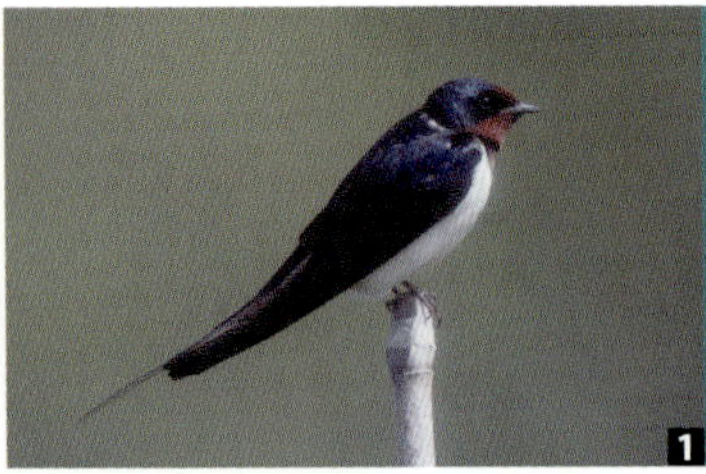

**11-1** ツバメの雄
**11-2** 紫外線写真（羽の黒色部分より喉の赤色が紫外線を吸収している）

**11-3** クマゲラの雄
**11-4** 紫外線写真（額の赤色は紫外線反射が見られる）

的な能力を示している。幼鳥のときは喉と額は薄茶色をしており、紫外線吸収はあまり強くない。ツバメの雌が雄を選ぶことに紫外線吸収度が強く関わっていることになる。

同じような赤色を持っているクマゲラは北海道と東北にすむ日本最大のキツツキである。雄は額から後頭部にかけて赤色、雌や幼鳥は後頭部のみ赤色である。クマゲラの雄を北海道の阿《あ》寒《かん》湖《こ》近くの林内で撮影した。紫外線写真ではこの赤色部分はツバメと異なり、やや紫外線反射が見られることから、カロテノイドによって赤色を発色していることがわかる。クマゲラの雌が雄を選ぶときは、食べ物由来のカロテノイドによる赤色の広さや濃さ（紫外線吸収度）が関わっている可能性がある。

またアカゲラはコゲラについで身近に見られるキツツキであるが、アカゲラの赤い部分はクマゲラより強い紫外線反射が見られる。いずれもキツツキの赤い色はツバメと異なり、カロテノイドによる。

## 12 カワセミの構造色と紫外線

探鳥会で最も人気のある鳥が、コバルトブルーの色彩を持ったカワセミである。漢字では翡翠と書くが、これは緑色をした宝石（ヒスイ）を意味している。カワセミのこの青緑色の羽の色は色素ではなく、構造色である。カワセミの青色部分の羽枝《うし》（羽の中央を走る軸から密に出ている毛）の部分を電子顕微鏡で見ると小さな網目が多く見られる。これが青色の光をつくりだしている。この網目状の模様はランダムに見え、光が散乱して青色が見えるといわれてきた。しかし、最近その網の目の大きさもだいたい一定であることがわかり、この規則性により、青色の光を発色していると考えられている。青い羽根を持つカケスなどもこのタイプである。

平成12年（2000）10月18日の『毎日新聞』にアルビノのカワセミの記事が載っていた。このアルビノ個体の羽の色は白色だった。メラニン色素の形成がなくなっても、構造色による発色には関係がなく青緑色の色彩は残ると思っていたが、構造色の発色にもメラニン色素が必要であると私は認識した。透過してきた色をメラニンが吸収して、初めて構造色の青緑色が発色するのである。

カワセミの紫外線写真を撮影すると、腹部の橙色の部分は紫外線を強く吸収し、背から上《じょう》尾筒《びとう》（尾羽の上方基部を覆う羽毛）にかけての水色の部分は紫外線を反射した。翼など青緑色の

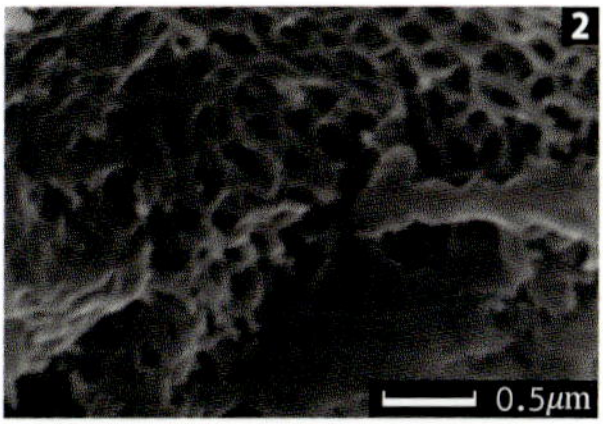


12-1 カワセミの青い羽
12-2 カワセミの羽枝の網目構造（この網目構造により青色が発色する）

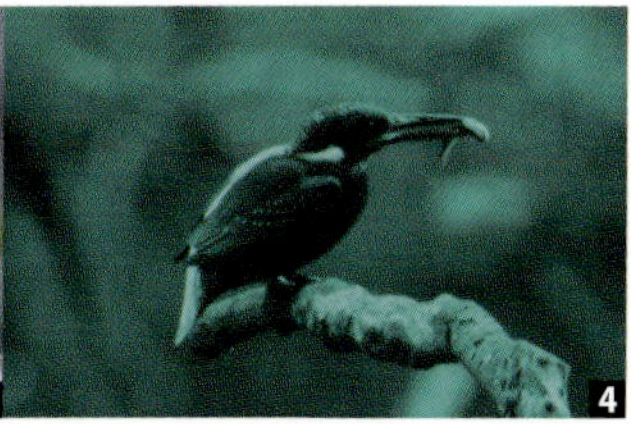

12-3 カワセミの雌
12-4 紫外線写真（背中の水色の部分は紫外線を強く反射し、腹の黄色の部分は吸収している）

部分は吸収した。腹部の橙色の部分は紫外線を強く吸収したことから、メラニン色素が含まれているのだろう。他の青系の構造色の紫外線反射との違いは、それぞれの色を発色するナノ構造の違いか、裏打ちとなっているメラニン色素の量の違いによって生じていると思われるが、まだ発色の仕組みについてはよくわかっていない。白変種のオシドリは紫外線を強く反射したことから、紫外線の反射量はメラニン量と関わっている可能性がある。青色をした羽毛の裏側は、やや濃い灰色である。必要な部分だけ構造色で青色になっている。

　羽色の目立つ青緑色と紫外線反射は縄張りの維持と関わりがありそうである。

## 13 クジャクの羽の美しさの秘密

クジャクの雄は上尾筒を持ち上げて、雌の周りをゆっくり回りながら、時々広げた羽を揺さぶり、羽毛のこすれる音を出して求愛する。宝石をちりばめたような飾り羽と、きらびやかな目玉模様が広がっている。雌はその目玉模様の数の多さと、魅力的な鳴き声で雄を選ぶという。毎年換羽《かんう》するたびに扇状に広げる羽は大きくなるので、目玉模様の数はそれだけ捕食者や寄生虫の攻撃を切り抜けてきたことを示す。目玉模様が多いということは、その鳥が生き延びてきた証《あかし》である。

クジャクの構造色を発色するところを電子顕微鏡で見ると、小羽枝の内部に並ぶメラニン顆粒の円柱状の粒が規則正しく並んでいる。断面では格子状に並んでおり、その間隔は反射する色に対応していることが報告されている。格子構造で反射されなかった光をこのメラニン顆粒が吸収して、あの美しい色彩豊かな色を醸し出す。

羽を広げたクジャクを紫外線カメラで撮影すると、顔の白い部分と、目玉模様の紺色部分の周りの青色部分が紫外線を反射している。その部分が紫外色で輝いて見えるのだろう。青色と紫外線は連続した色であり、構造色によってともに発色している。

長い歴史の中で、雄は雌に対する求愛のために1・5mの長い上尾筒を持ち、構造色できら

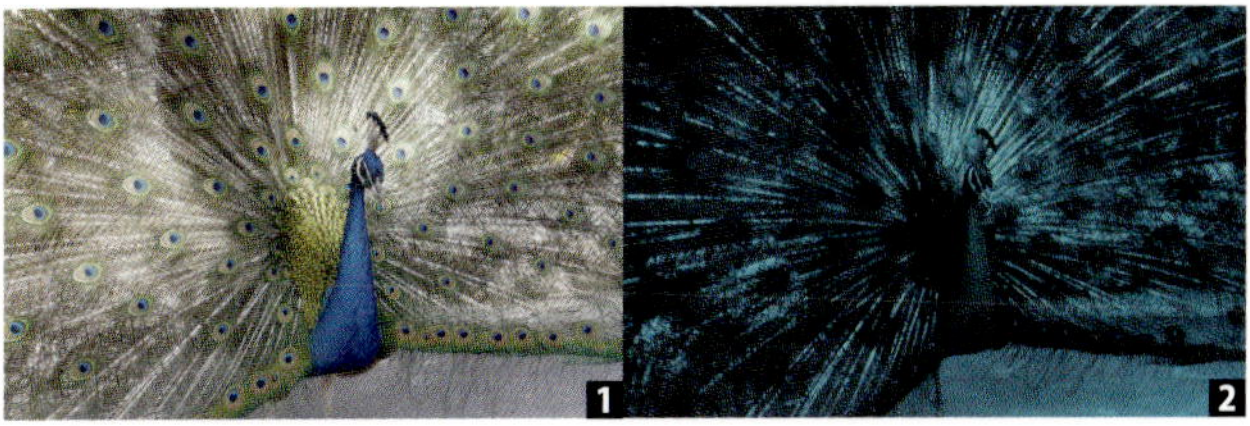


**13-1** インドクジャク
**13-2** 紫外線写真（広げた羽の目玉模様の紺色の周りの青色部分が紫外線を反射している）

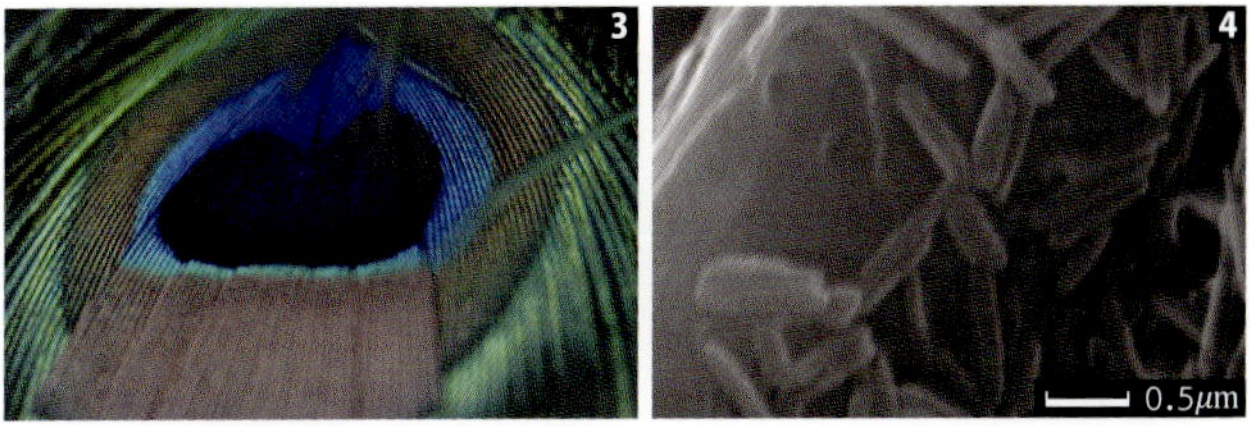


**13-3** 羽の目玉模様
**13-4** 小羽枝断面の電子顕微鏡写真（規則正しく並んでいた楕円型のメラニン顆粒が写真では切片作成の影響で位置がずれてバラバラになっている）

びやかさを身につけた。そのため大事な羽を傷つけないように雄同士は戦うことはない。長く伸びた羽は飛ぶのに大きな負担がかかる。このように負担がかかる実用性のない器官を維持することは高い能力を持っていることの証明ともなる。雌が長い尾羽を好んだ結果、きらびやかな羽根を広げるクジャクを見ることができる。

　しかしながら、最近放し飼いされているクジャクの観察から雄がもてる大きな要因は鳴き声であるということが報告されている。放し飼いされている環境と野生の環境では選ぶ要因が、少し異なっているのかもしれない。

## 14 木漏れ日で浮かびあがる雄鳥の顔

コシアカキジは、ボルネオの調査旅行中によく見かけるキジである。比較的良好な熱帯林が残されている林道を朝早く自動車で移動するときに見かける。ニワトリと同じように、地面をひっかいて餌をとっている。マレー半島、スマトラにも分布している。名前のとおり赤銅色《しゃくどういろ》の腰の羽が特徴である。顔には羽毛がなく青紫色の皮膚が露出している。この部分は紫外線を強く反射する。ニワトリの戦いの勝敗は、鶏冠《とさか》の大きさが大きな要因となっている。羽毛の生えていない頭上部分を鶏冠、下に垂れ下がっている部分を肉垂《にくすい》という。コシアカキジも縄張り争いで雄同士が戦っているのを見かけるが、この紫外線を反射する青紫色の肉垂が戦いや求愛に大きな役割を果たしていると思われる。

さらに求愛のために青紫色の皮膚が特殊化したのがベニジュケイである。中国、チベット南部に生息しているキジ科の鳥であるが、そのむきだしになっている青紫色の皮膚は強く紫外線を反射する。それだけではない。求愛の際にはその下の喉の肉垂が大きく下に広がる。その肉垂の両脇には赤い模様がついている。顎《あご》の下から前かけのように肉垂がスルスルと伸びてきて胸の部分まで広がる。頭部も角のようにピーンと突起する。この肉垂は普段は顎の下で見ることができないが、求愛のときこの肉垂を大きく広げて雌にアピールする。青紫色をした肉垂の

**14-1** コシアカキジ
**14-2** 紫外線写真（肉垂はキジ〔章扉参照〕と反対に紫外線を強く反射する）

**14-3** ベニジュケイ
**14-4** 紫外線写真（むきだしになっている青紫色の皮膚が強く紫外線反射する）

両脇には赤い斑紋がある。残念ながらこの肉垂の紫外線写真はまだ撮影できていないが、色合いから見ると青紫色の部分は強く紫外線を反射すると思われる。ベニジュケイは求愛のためだけに紫外線反射する肉垂を特殊化した。

　これらのキジ科の鳥は紫外線反射を巧みに使って、雌に強いインパクトを与えて求愛行動をしている。いずれの青紫色も、構造色である。また、薄暗い林の中で生活しているこれらの鳥は、紫外線反射する顔が同種の認識に役立っていると思われる。

## 15 雛は餌ねだりに紫外線反射を利用

　バンとカイツブリの雛は額の部分が強く紫外線を反射する。はじめは裸の皮膚部分が紫外線反射すると考えていたが、バンの雛は頭部の両脇に青紫の小羽が、カイツブリも同様に額部分に薄く青みを帯びた白い小羽が生えている。この小羽が紫外線を反射することがわかった。バンはクイナ科の鳥で、体は黒く、嘴と額板《がくばん》が赤い。雛はこの額板から目の上にかけて青紫色をしている。バンはすぐに茂みの中に隠れてしまい、観察を続けることは難しい。

　カイツブリはカイツブリ科の鳥で、潜水して水中で魚・エビなどの餌をとる。このカイツブリの雛が泳ぎだしてから、独り立ちするまで観察を続けた。つがいで協力して子育てをする。縄張り内のほぼ同じ場所で、家族で水辺に出て、給餌行動をするので、観察が容易である。縄張り意識が強く、他個体が入り込むと、甲高い声を出しながら追いかけていく。魚だけでなく、水辺の草に産卵のためとまっていたギンヤンマなども素早く捕らえ、雛に与えていた。

　雛は太い縞模様《しまもよう》がある。疲れると写真のように、親鳥の背中に乗ったり、羽毛の中に入り込んだりする。親鳥が雛を移動させる際の運送手段ともなる。雛がだんだん大きくなると、頭部の羽毛の生え代わりで徐々に紫外線反射は弱まってくる。それに伴い親鳥の給餌量も少なくなる。紫外線反射がなくなる頃には、親鳥に追われるように巣立っていく。

15－1 バンの親子
15－2 紫外線写真（雛の額の部分に強い紫外線反射が見られる）

15－3 カイツブリの親子
15－4 紫外線写真（雛の額の部分の紫外線反射は成長するにつれ、なくなる）

これは何を意味するのだろうか。雛の紫外線反射は、親鳥の面倒見の深さと関わりがあるのではないか。当然ながら餌をねだる雛の鳴き声や行動なども、親鳥が雛に給餌する大きな要因であるが、雛の成長は一番目立つ場所の頭部の紫外線反射で示され、紫外線反射の減少により、親鳥が雛の独り立ちを促すことになると推定される。紫外線反射に意味がなければ、紫外線反射を示す小羽を、わざわざ形成することはないだろう。

どういうグループの鳥で、雛の紫外線反射が見られるか、興味あるところである。

# 第2章 捕食者から逃れる戦略

上：ミドリシジミの雄　下：はぐらかし効果の紫外色

生物間の攻防戦は常に繰り広げられている。紫外線による体表の色の違いで捕食者から逃れたり、捕食者に警告することで生き延びることに役立てている動物を紹介しよう。

## 1 目玉模様（眼状紋）の役割

ヘビの目玉に眼状紋が似ていることから「蛇の目蝶」と名付けられたチョウの仲間は身近に見られる。眼状紋とは、チョウやガなどの本来の目ではないところにあり、目に似ている紋のことをいう。このジャノメチョウ科のウラジャノメを使った実験で、明るさと紫外線の有無で鳥の攻撃場所が異なるという報告（Olofsson, M., et al., 2010）がある。紫外線を含む明るい場所や紫外線を含まない暗い場所では、鳥にウラジャノメを与えると、ほとんどチョウの頭部や体を攻撃する。しかし紫外線を含む暗い場所ではチョウの翅の眼状紋を攻撃するという報告である。紫外色をよく見ることができる鳥には、やや暗い場所で眼状紋が浮き上がって見えるのだろう。鳥の捕食活動は朝夕が活発であり、朝夕は光量に対して比較的紫外線量が多く、チョウは紫外色で輪郭がよりはっきりする眼状紋で鳥の攻撃を逸《そ》らして、逃げおおせる可能性が高くなるという。ウラジャノメは日本にも、北海道では平地に、本州では山地に見られるチョウである。

小さな眼状紋は鳥に狙われやすいことで、攻撃が致命傷に及ぶ危険を減らすことになるが、突然現れる大きな眼状紋に対して鳥は逃避反応を示すことが実験で確かめられている。

北海道の阿寒湖畔で4月にクジャクチョウがフキノトウの蜜を吸っていた。その眼状紋がク

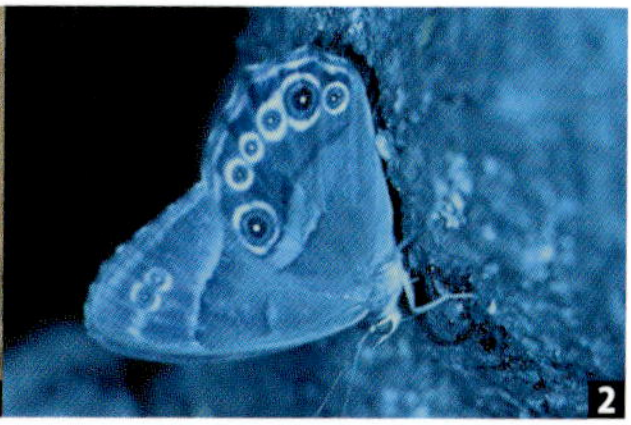

**1-1** ヒカゲチョウ（ジャノメチョウ科のチョウで身近に見られる）
**1-2** 紫外線写真（小さな眼状紋の輪郭がよりはっきり浮かびあがる）

**1-3** クジャクチョウ
**1-4** 紫外線写真（2対の眼状紋が浮かびあがって見える）

ジャクの飾り羽の目玉模様に似ているのでクジャクチョウと名付けられたこの種は、翅を広げると2対の大きな眼状紋が目立つ。紫外線写真ではさらにその脊椎動物の目に似せた眼状紋が引きたっている。鳥はフクロウやヘビなどの捕食者から逃れるため、先天的に「目」に対して逃避行動を起こす。このクジャクチョウも、大きな目で鳥から逃れているのである。翅を閉じると褐色で、枯れ葉などの上では目立たなくなる。

　身近なところにも目玉模様を持つ生きものは多い。大きな目玉模様を持つハグルマトモエはヤガ科の蛾《が》で、一対の目玉模様で全体が顔のように見える。紫外線写真ではさらに目玉模様が強調されている。いずれの紫外線写真も白色部分が紫

**1-5** ハグルマトモエ
**1-6** 紫外線写真（翅の輪郭がよりはっきりし眼状紋が目立つ）

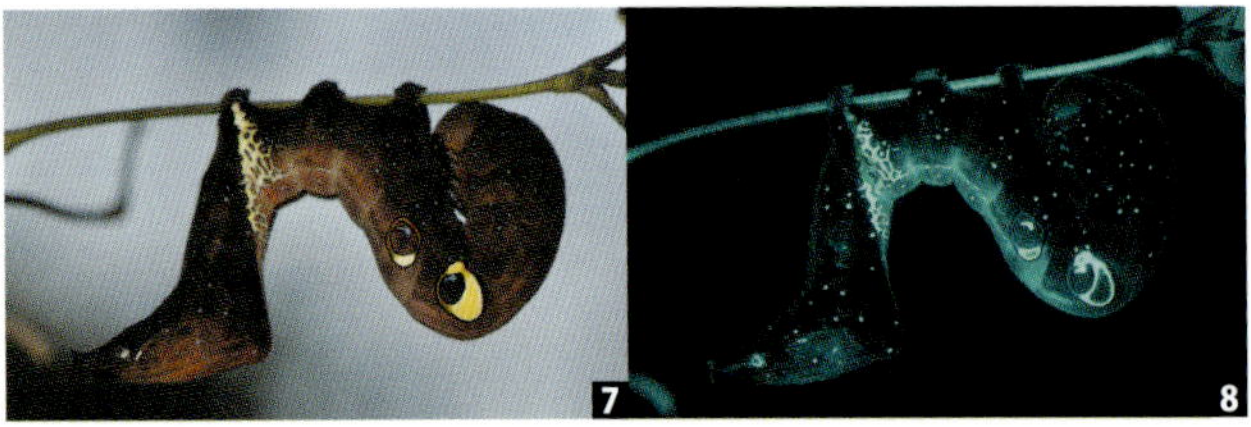

**1-7** アケビコノハの幼虫
**1-8** 紫外線写真（眼状紋の黄色の部分が紫外線を反射しているが、黒目に見える部分が可視光線と異なって見える）

外線を強く反射し、眼状紋の輪郭がはっきりする。紫外線が見える鳥に対して、この紫外色で強調された目立つ眼状紋は効果がありそうである。チョウやガの幼虫にも眼状紋を持つものとして、ナミアゲハ、ビロードスズメ、アケビコノハが知られている。

## 2 危険が迫ると色を変えるクモ

驚かすと瞬間的に色を変えるクモがいる。キララシロカネグモは腹部が銀色で金色の横縞《よこじま》があるクモで、草原に水平円網を張る。キララシロカネグモに指でつつくなどの刺激を与えると、糸を伝って葉陰に隠れる。水平円網の中心にいたときは金色で輝いて見えるが、葉陰に隠れたときは黒っぽく体色が変化している。このクモは金色の斑紋が鱗《うろこじょう》状に小さくわかれている。紫外線写真で比較すると、刺激前は金色の多くの部分は紫外線を反射している。刺激後は鱗状の斑紋の部分が紫外線を吸収している。空を背景に網の中央にいるときは、光を反射する明るい色で、紫外線も反射し、捕食者から見つかりにくい。捕食者から逃げて葉陰に隠れているときは暗い色に変化し、紫外線も吸収し、葉との紫外線反射の差を少なくして、目立たなくしている。

渓流上にいるコガネヒメグモなども同様に、刺激により金色の体色を黒っぽく変化させる。いずれもしばらくたつと元の体色に戻る。

身近なクモでは、オオシロカネグモやコシロカネグモも体色を変えるクモである。オオシロカネグモは銀色の腹部に３本の褐色の筋を持っているが、刺激を与えるとその３本の筋が太くなる。クモがエネルギーを使ってこのように変化するのは、何か生存に有利な点があるからで

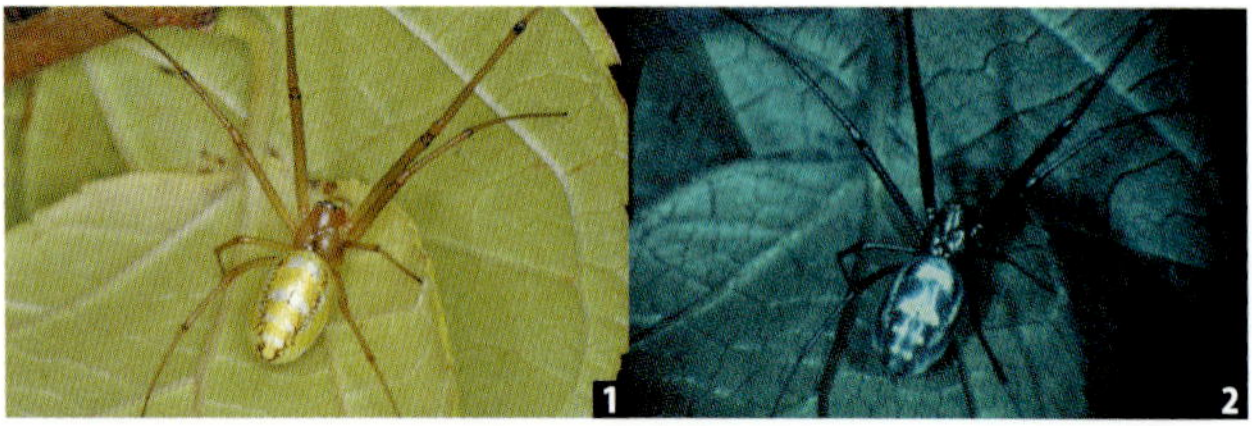

**2-1** キララシロカネグモ刺激前
**2-2** 紫外線写真（興奮していない場合は葉の上では紫外線反射で目立つ）

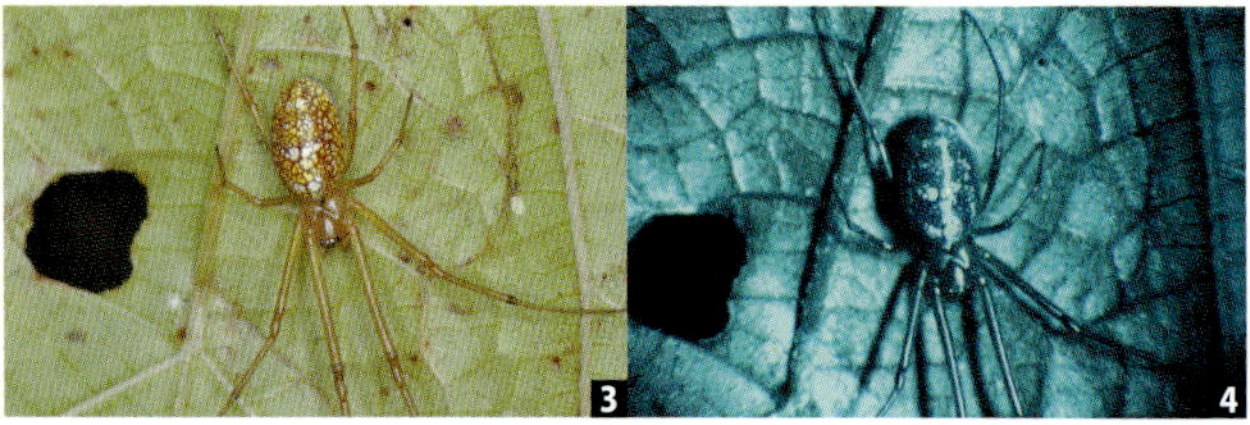

**2-3** キララシロカネグモ刺激後
**2-4** 紫外線写真（興奮すると紫外線吸収が増加し目立たなくなる）

ある。紫外線反射部の急激な変化で、捕食者を驚かす効果があるのかもしれない。

　クモの色素についてはいろいろな研究が行われているが、まだよくわかっていない部分も多い。紫外線を反射する銀色部分はグアニン顆粒であるという。体色変化するクモはこの紫外線反射部分の急激な変化で周りの環境に擬態したり、捕食者を驚かして生き延びてきた。このように刺激による紫外線反射の変化も、生き延びるための生存戦略に関わっている。

## 3 コケオニグモは紫外線反射が同じ場所に隠れる

擬態とは、動物が他の動物や物体にそっくりの形や色彩を持つことをいう。動物が周りの環境に合わせて似せているのを隠蔽的擬態《いんぺいてきぎたい》という。ある動物が同じ色の物体の上にいたとしても、我々を含む哺乳類は紫外線が見えないため、哺乳類以外の紫外線が見える動物が見た場合とは異なって見える。そのため、それらの動物が見ている紫外色も考慮して、初めて擬態しているといえる。

地衣類《ちいるい》に擬態している生きものを2種類紹介する。地衣類とは菌類と藻類が共生生活している生物で、薄い青緑色をしているものが多いが、橙色の地衣類も見られる。菌類が空中の水分を取り入れ藻類に与え、藻類が光合成産物を菌類に与えている。地衣類も種類によって紫外線反射が異なる。コマダラウスバカゲロウの幼虫は樹木や石の薄い青緑色の地衣類の生えている場所で、虫が通りかかるのを待ち伏せしているが、虫に気づかれないため、また捕食者から逃れるため、地衣類そっくりの擬態をしている。写真のコマダラウスバカゲロウの幼虫はコケ（濃い緑色）の生えた部分に移動したため、可視光および紫外線写真ともにやや浮き上がって見えているが、近くの地衣類とは同じ色をしている。この幼虫の腹部は色だけでなく紫外線反射も周りの地衣類とほぼ同じである。驚くことに、体に地衣類を生やしている幼虫も見られる。

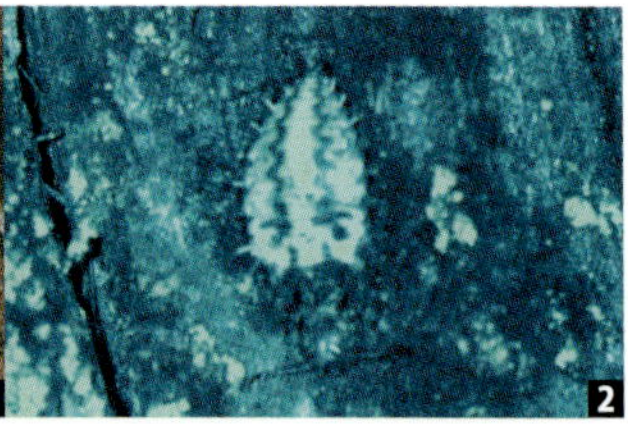

**3-1** コマダラウスバカゲロウの幼虫（周りの濃い緑色がコケ、青白い色が地衣類）

**3-2** 紫外線写真（紫外線を反射しているのがカゲロウの幼虫と地衣類、吸収しているのがコケ類）

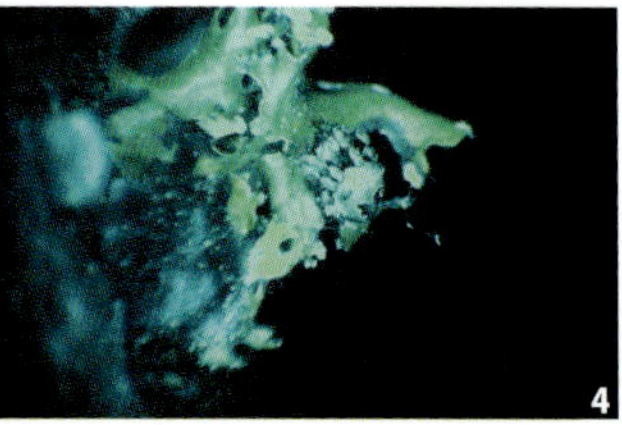

**3-3** コケオニグモ

**3-4** 紫外線写真（紫外線を反射する地衣類とほぼ同じ程度に反射している）

地衣類そっくりの色を持つクモもいる。コケオニグモである。珍しいクモであり、生息場所は必ず地衣類が密集して生えている樹木周辺である。日中は地衣類の中にじっとしており、見つけることは難しい。写真では地衣類のでっぱりの下に潜んでいる。同じ色で、紫外線反射も同じ地衣類が生えている場所に潜むことで、捕食者の目から逃れている。このクモは夜に比較的大きな円網を張る。夜に地衣類の生えている樹木周辺を探すと、円網の中心部にいるのを発見できる。

## 4 毒のあるチョウの紫外線反射をまねる

海を渡るチョウとして知られているアサギマダラの幼虫は、毒性のアルカロイドを含むガガイモ科の植物が食草で、幼虫も成虫も毒を持っている。そのためこのチョウは鳥を恐れずにゆったりと飛翔《ひしょう》する。

このチョウに似ているのが、最近よく見られるようになった外来種のアカボシゴマダラである。アカボシゴマダラは後翅に赤色斑がある。毒蝶に似せた擬態と思い、紫外線撮影をして比べてみると、まるで異なる。アサギマダラの青みがかった白い部分が紫外線を吸収しているのに対し、アカボシゴマダラは反射している。可視光線では似ているが紫外色ではまるで異なり、擬態ではない。

また、ジャコウアゲハはウマノスズクサを食草としているため、それに含まれているアリストロキア酸という毒を、成虫になっても体内に持っているので、一度学習した捕食者はこのチョウを避ける。写真の雌のジャコウアゲハの後翅の一部と尾状突起が片方切れているのは、鳥などに襲われたのだろう。もし捕食していたら、その鳥は二度とジャコウアゲハを襲うことはないだろう。そのジャコウアゲハに擬態しているのがクロアゲハ、オナガアゲハである。ジャコウアゲハの後翅の赤色斑は紫外線を反射するが、クロアゲハとオナガアゲハも同様に反射す

**4-1** 毒を持つアサギマダラ
**4-2** 紫外線写真（後翅の白斑以外は紫外線を吸収している）

**4-3** アサギマダラに似ているアカボシゴマダラ
**4-4** 紫外線写真（白斑と赤色斑が紫外線を反射している）

る。紫外線が見える鳥に対して、可視光線のみならず、紫外線反射も毒のあるジャコウアゲハに擬態しているのである。

沖縄などの南西諸島にはリュウキュウマノスズクサなどを食草とする毒蝶であるベニモンアゲハがいる。ジャコウアゲハに似ているが後翅の赤色斑の上に白斑がある。このベニモンアゲハに擬態しているのがシロオビアゲハである。このシロオビアゲハの雌にはシロオビ型とベニモン型の2型あり、ベニモン型はベニモンアゲハと同様に赤色斑を持つ。また写真のように白斑と赤色斑が紫外線を反射する。これはシロオビ型とは違い、紫外線反射も異なる雌の2

**4-5** ジャコウアゲハの雌
**4-6** 紫外線写真（後翅の赤色斑が紫外線を反射している）

**4-7** シロオビアゲハの産卵（ベニモン型）
**4-8** 紫外線写真（ベニモンアゲハと同様に赤色斑も紫外線を反射する）

型である。ベニモン型のチョウは毒蝶に擬態しており、捕食者に襲われることが少ないと思われる。しかし、シロオビアゲハの雄はあまりベニモン型の雌と交尾するのを好まないという。

　捕食者の鳥が多くベニモンアゲハが分布している場所はシロオビアゲハのベニモン型が有利で、捕食者の鳥が少ないかベニモンアゲハが分布していない場所はシロオビ型が有利であると考えられる。実際に南西諸島に１９６３年頃からベニモンアゲハがすみ着き増えるにつれて、シロオビアゲハのベニモン型が増えたという実例がある。

## 5 隠れ帯の紫外線反射で身を隠すクモ

クモの円網の中心部にあるギザギザの白い帯を隠れ帯という。隠れ帯をつくるのはウズグモやコガネグモの仲間である。その形は渦巻き、直線、X状になっている。その隠れ帯の役割には多くの報告があるが、次のふたつを紹介する。

ウズグモ科のカタハリウズグモでは空腹のときは、渦巻き状の隠れ帯を張って糸の張力が強くなるようにする。そうすると小型の昆虫が掛かっても糸が反応し、それを捕食する。満腹のときは直線型の隠れ帯を張り、糸の張力を弱くして大型の昆虫が掛かったときだけ反応するようにしている（渡部健、2002）。

コガネグモ科の一種は、隠れ帯だけでなくクモ自身も紫外線を反射して、餌となる昆虫を誘引しているという（Craig, C. L., et al., 1990）。コガネグモ科の隠れ帯の役割についてはまだほかにもいろいろな説があり、はっきりと解明されてはいない。

コガネグモ科のナガコガネグモは水辺近くの低いところに円網を張るクモである。幼体のときの隠れ帯はジグザグの渦巻き状だが、大きくなると直線状の隠れ帯を張る。ナガコガネグモは警告色として背中側に黒と黄色の模様を持つ。捕食者に対して、警告色を持たない腹側が問題になる。可視光線では腹側からクモの姿が見えるが、隠れ帯と連続した糸が紫外線を反射す

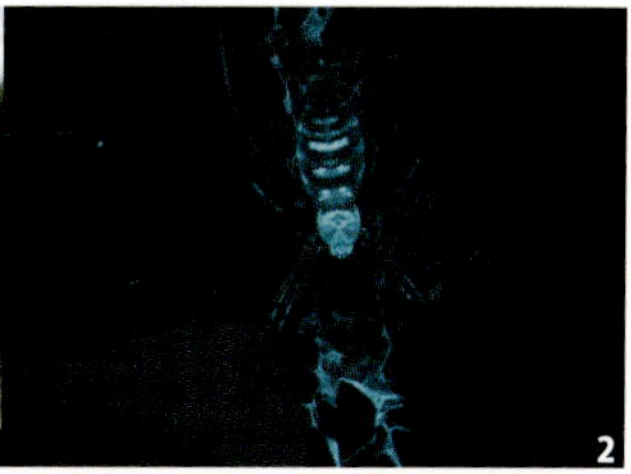

**5-1** ナガコガネグモと隠れ帯（背中側）
**5-2** 紫外線写真（可視光線とは腹部の模様が異なって見える）

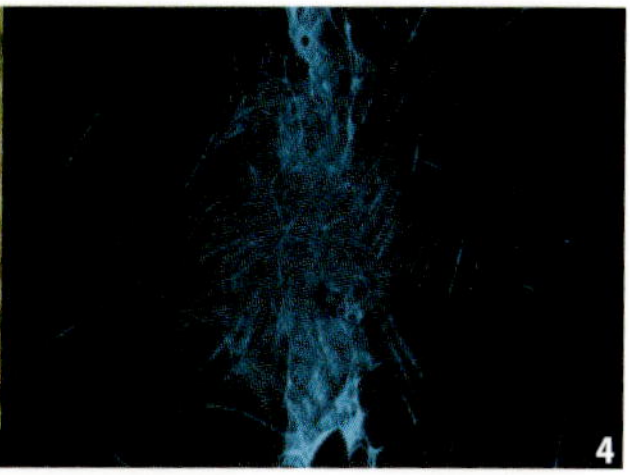

**5-3** ナガコガネグモと隠れ帯（腹側）
**5-4** 紫外線写真（隠れ帯の紫外線反射で姿が見えない）

るため、紫外線では体の輪郭がはっきりしなくなる。さらにこのクモは危険が迫ると網を揺らすため、捕食者は紫外線反射が強い隠れ帯の揺れに驚いてしまうだろう。紫外線写真から考察すると、この隠れ帯は名前の由来通りに、クモの体を隠す役割があるといえる。

　またナガコガネグモの背中側の縞模様の黄色の部分と頭部は強く紫外線を反射している。隠れ帯と体の紫外線反射で餌となる昆虫を誘引している可能性がある。

## 6 トカゲは尾の紫外線反射で逃げる

以前はニホントカゲといわれていたものが、東日本に分布するものはヒガシニホントカゲ、西日本に分布するものがニホントカゲと分類されるようになった。これらとは別に、伊豆《いず》諸島にはオカダトカゲが分布している。外見ではいずれも似ている。

これらのトカゲの尾は、幼体の間だけ青い。成体になれば全体が茶褐色になる。幼体に見られる尾の金属光沢の青色は、ナノ構造によって発色している。その青色の部分は紫外線を強く反射する。

オカダトカゲでは青色部分の紫外線の反射ピークの波長は337nmであるという。このような尾の紫外線反射は何のためであろうか。トカゲ類は敵に襲われたときに自ら尾を切って（自切という）逃げることが知られている。紫外線が見える捕食者には、紫外線反射が強くて動きまわる自切した尾のほうが目立つので注意を惹くだろう。となると、捕食者の多いところに生息しているトカゲの尾は捕食者が少ないところより青みが強くなると考えられる。

伊豆諸島では島により捕食者のヘビのいる島といない島があり、ヘビがいる島はトカゲの尾がより青く、いない島は青が薄れた色になっているという報告（栗山武夫、2012）がある。ヘビは紫外線を見ることができる。そのため捕食者のヘビのいる、いないが紫外線を反射する

**6-1** 尾が青いヒガシニホントカゲの幼体
**6-2** 幼体の紫外線写真（尾の青色の部分が強く紫外線を反射する）

**6-3** 尾が茶色いヒガシニホントカゲの成体
**6-4** 捕食者に襲われて尾が切れているヒガシニホントカゲの幼体

青色の尾と関係してくる。ヘビのいる神津島《こうづしま》ではヘビに遭遇することが多く、紫外線反射の強い尾を持った個体が生き残ったものと考えられている。いっぽう、やはり捕食者である視覚の発達した鳥が上空から見ると、紫外線反射する目立つ青い尾は見つかりやすい。そのためヘビのいない島では尾の紫外線反射は弱くなっている。

オーストラリアやパプアニューギニアなどに生息するアオジタトカゲの仲間は鳥に襲われたときなどに紫外線反射する青い舌を突き出し、驚かして難を逃れるという。捕食者から逃れる戦略もいろいろである。

トカゲの幼体の尾が青色で、成体

になると茶褐色に変わる理由は次のように推定できる。幼体の主な捕食者はヘビで、襲われたときは紫外線反射の強い尾を自切して生き延びることができる。いっぽう、成体になると、ヘビからは幼体のときより素早く逃げることができる。そして上空の鳥から見つかりにくいように茶褐色になるのだろう。

## 7 スクミリンゴガイの卵塊の紫外線反射

千葉県の九十九里浜《くじゅうくりはま》に近い水田の用水路のコンクリート面やイネに、目立つピンク色の卵塊があちこちついていた。別名ジャンボタニシともいわれているスクミリンゴガイの卵塊である。用水路や水田の水の中に大きなスクミリンゴガイが這《は》い回っていた。この南米産の貝は1980年代前半に食用のため持ち込まれたが、需要が伸びないなかあちこちで野生化した。植えたばかりのイネなどを食害して問題となっている。

卵塊は目立つピンク色をしている。卵はPcPV2という神経毒を持っており、警告色として利用しているのだろう。それぞれの卵は乾燥に耐えられるように殻を持っている。紫外線写真では卵塊は強く紫外線を反射した。卵の発生が進むにつれて、ピンク色が薄くなり白色に変わってくる。これは卵の中で育つ胚《はい》がPcPV2を分解し、栄養として利用しているからである。毒がカロテノイドと結びついているため、この毒の動きがカロテノイドのピンク色の変化として目に見えるのである。はじめは卵の殻の表面にあった毒は胚に取り込まれ、胚は真っ赤に変色する。胚は発生が進むにつれ、毒とカロテノイドが結びついた物質を栄養源として分解するため、胚の赤色も薄くなる。そして孵化《ふか》直後の稚貝は少しオレンジ色が見られる程度である。

卵塊は2週間ほどで孵化するが、残された殻は白色で、ピンク色のときよりもさらに強く紫

**7-1** スクミリンゴガイの卵塊
**7-2** 紫外線写真（卵塊は紫外線反射が強く目立つ）

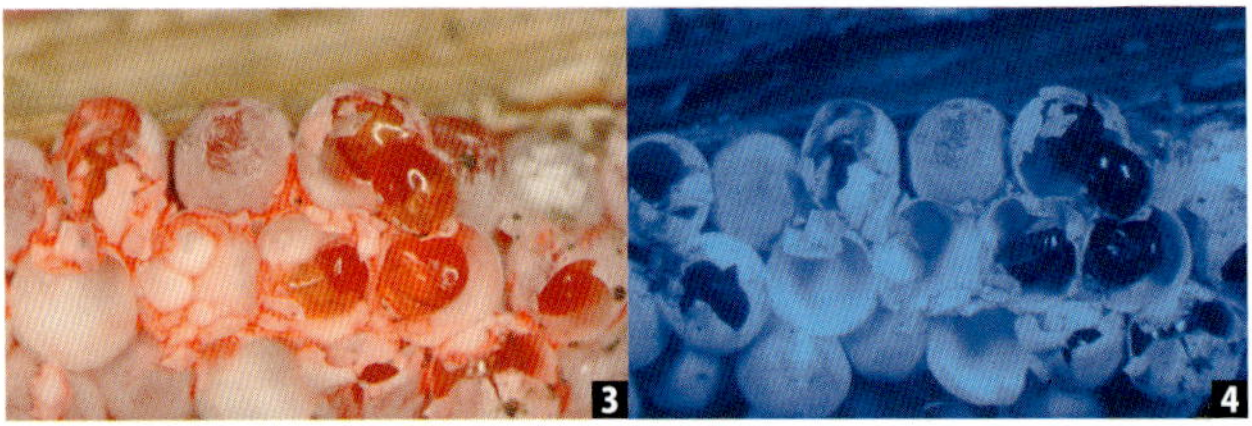

**7-3** 孵化前の卵塊を壊して撮影
**7-4** 紫外線写真（胚がカロテノイドと毒成分を取り込んで、紫外線を吸収する）

外線を反射する。カロテノイドがなくなったためである。孵化3日前の卵塊を少し壊してみると、溶液となったPcPV2を含む赤い液が稚貝の形になった胚に取り込まれていることがわかる。この段階では稚貝内のカロテノイドが非常に濃くなっているため、紫外線写真では強い紫外線吸収が見られる。

自ら毒を持つ生物は毒のあることを派手な色彩で示し、捕食者から逃れている。このスクミリンゴガイの卵塊は、派手なピンク色だけでなく強い紫外線反射を示すことで、紫外線が見える捕食者に対して毒のあることをさらに目立たせ、食害を防いでいる。

## 8 恐ろしき黄・黒のスズメバチの警告色

危険や注意を促す色として、工事現場や踏切などでは黄色と黒が使われている。これはハチが示す警告色と同じである。鳥がスズメバチやアシナガバチを食べているのを見かけることは少ない。鳥は毒針を持つハチを避けている。ところで、針を持たないハナアブもハチと見間違うほど似ている。これは黄色と黒の縞模様をまねることで視覚の発達した鳥に襲われないようにしているのだろう。先に紹介した毒蝶に擬態したチョウがいるように、ハチに似た黒と黄色の縞模様を持つ生きものが、ハナアブをはじめ、カミキリムシ、ガ、クモなどいろいろな分類群にまたがって見られる。

この警告色を持つオオスズメバチは多分黄色が紫外線を強く反射し、黒が紫外線を吸収するだろうと予想し、紫外線写真を撮った。予想に反して黄色の部分はあまり紫外線を反射しない。腹部の下のほうでは縞模様さえはっきりしない。他のハチも紫外線反射は強くなかった。これは、鳥がこの黄色と黒の警告色を可視光線で見分けていて、紫外線はあまり関係ないことを意味する。

ところが、ハチに擬態しているといわれる、背中に黒と黄色の縞模様があるコガネグモの紫外線写真では、黒色が紫外線を吸収し黄色の部分が強く紫外線を反射している。しっかりとこ

**8-1** オオスズメバチ
**8-2** 紫外線写真（黄色と黒の縞模様が紫外線色では出ない）

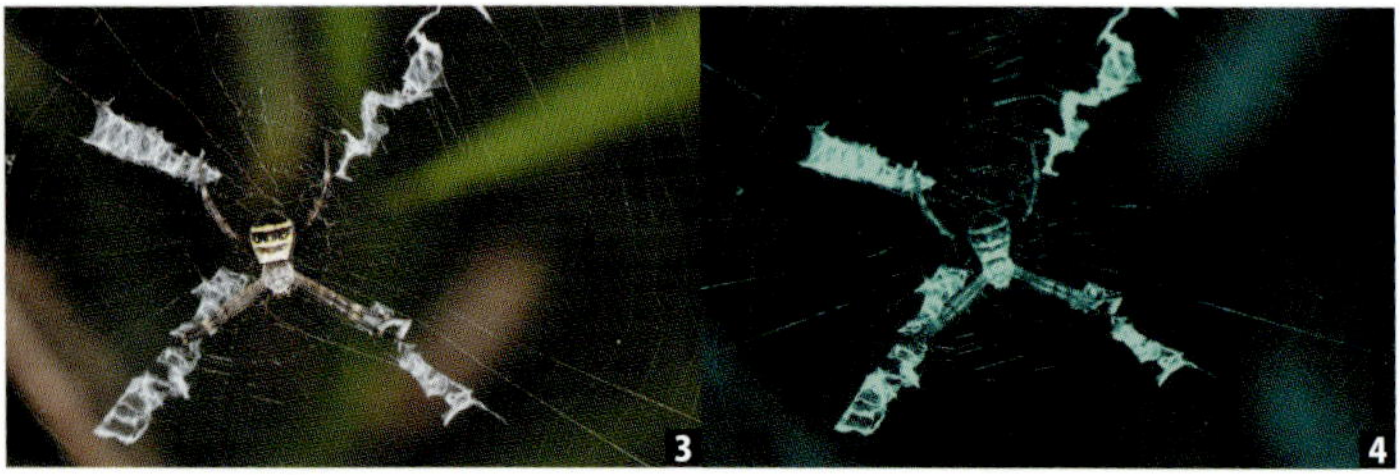


**8-3** コガネグモ
**8-4** 紫外線写真（腹部の黒色部分は紫外線を吸収し、黄色の部分と隠れ帯は反射する）

の縞模様が出ている。

網を張るクモで昼間活動するクモは色彩豊かで、夜活動するクモは黒っぽい体色のものが多い。昼間網の中心部にいるコガネグモの仲間は黄色と黒の縞模様を持っている。いずれも黄色の部分は紫外線を強く反射した。クモの黄色と黒の縞模様は鳥にとってハチとは別の色に見えるが、縞模様のパターンは警告色としてある程度役立ち、黄色の部分の紫外線反射は何か別の役割があるのだろう。

先にナガコガネグモの隠れ帯は体を隠すために役立っていると紹介した。隠れ帯は紫外線を反射して餌を誘引するともいわれている。

紫外線を反射する隠れ帯が餌を誘引するなら、クモの体の紫外線反射も餌の誘引に役立っていると思われる。コガネグモはX字状の隠れ帯をつくるが、目の悪い昆虫が隠れ帯のついた網を花と勘違いしているという仮説がある。クモの黄色と黒の縞模様は、警告色と餌の誘引のふたつに関わっていると推定される。

## 9 毒のある毛虫の目立つ模様

チョウやガなどの幼虫のうち、毛や棘《とげ》が生えているものを毛虫という。毛が少ないものをイモムシというが、あまり区別されずに使われている。毛虫は消化器官が詰まった円筒形の体で、短い腹脚でただひたすら葉などを食べ続ける。動きが遅く、多量に発生するので、鳥やクモなどのよい餌となっている。それらの天敵が食べにくいように毛や棘があると思われる。さらに毒毛や毒棘を持つ、アゲハチョウの幼虫のようににゅーと黄色い臭《くさ》い匂《にお》いのある角を出して驚かす、葉と同じような色で背景に溶け込むなど、いろいろな方法で身を守っている。

毒のある毛虫は毒があることを捕食者に宣伝するように、派手な色彩や模様を持っているものが多い。特に黄色や赤色は毒を持っている動物に多く見られる色である。キドクガは普通に見られる毒蛾で、幼虫、成虫ともに毒を持ち、人が毒針毛に触れた場合は皮膚炎を起こす。幼虫は橙色、黒、赤色の顕著な色彩でよく目立つ。紫外線写真では背中側の端の白い部分が紫外線を反射し、橙色、赤色はやや吸収し、黒い部分は強く吸収している。4原色の錐体細胞を持つ鳥は、よりカラフルにこの毒蛾を認識している。

オオゴマダラは沖縄・奄美《あまみ》諸島に生息する大型のチョウである。食草はつる植物のキョウチクトウ科の葉を食べて育ち、その毒性のあるアルカロイドを体内に取り込んでいる。黒色、赤

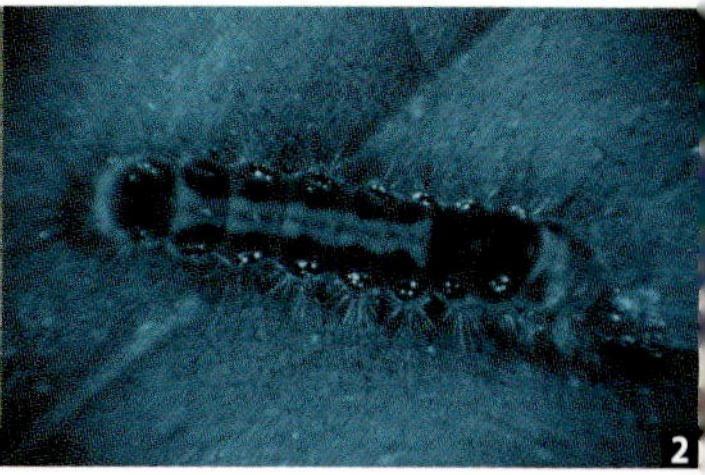


**9-1** キドクガの幼虫
**9-2** 紫外線写真（黒と黄色は輪郭がはっきりしないが、白い斑点は紫外線反射が強い）

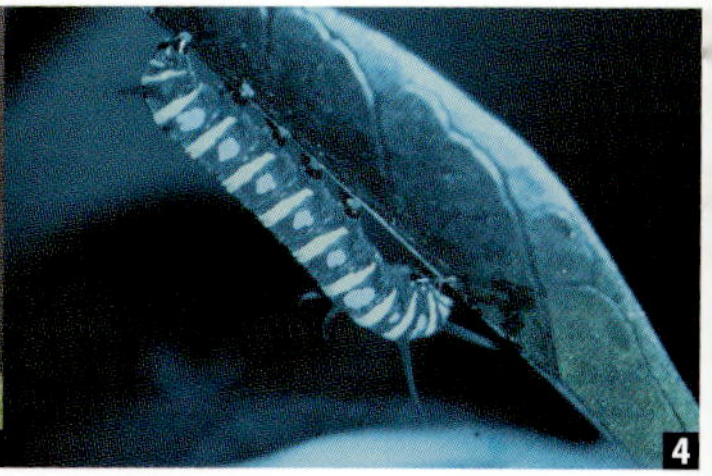


**9-3** オオゴマダラの幼虫
**9-4** 紫外線写真（赤色の丸い斑点が紫外線反射し、輪郭がはっきり現れる）

**9-5** ジャコウアゲハの黄色の蛹
**9-6** 紫外線写真（かなり紫外線反射が見られ、異様な形が目立つ）

色、白色の派手な色彩と模様で目立つ。紫外線写真では白い縦筋と赤い丸模様が紫外線をかなり反射している。黒い部分が紫外線を吸収し、コントラストが高い模様となっている。毒があるという警告色に使われているのだろう。このチョウは金色の蛹《さなぎ》をつくる。また毒蝶のジャコウアゲハの蛹は黄色で突起があり、異様な形をしている。いずれの蛹も目立つ色や形で捕食者に毒があることをアピールしている。

毒を持つ毛虫は紫外色を含む派手な色彩で、捕食者に対して毒があることを警告して身を守っている。

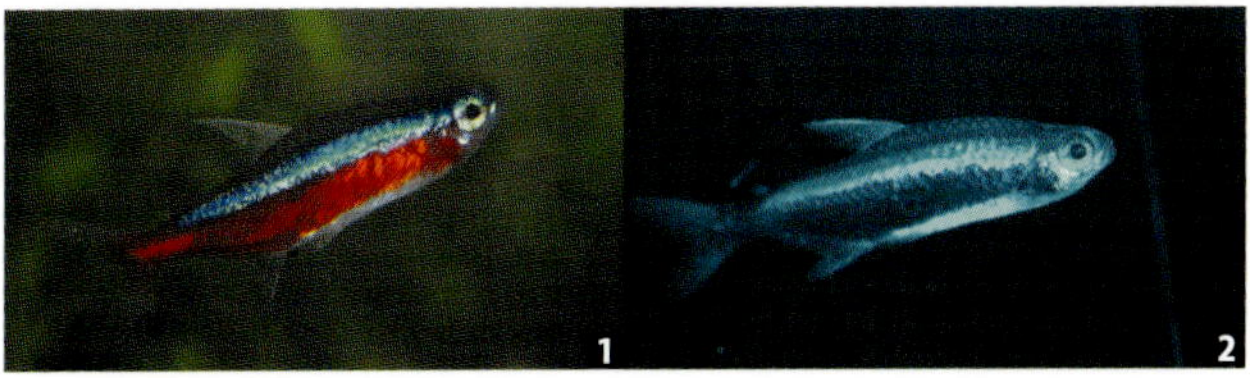

**10-1** ネオンテトラ
**10-2** 紫外線写真（構造色の青色の部分の紫外線反射が強い）

## 10 魚類の紫外線反射と捕食者

比較的きれいな水にすむヤマメ、ウグイなどの魚はカラフルで婚姻色（繁殖期に出現する目立つ体色）もはっきり出るものが多いが、水質が悪いところにすむコイ、フナ、モツゴなどの魚は地味な色をしている。サンゴ礁にすむ魚はまさに色とりどりである。浅くて透明度が高ければ、4つの錐体細胞を持つ魚は色を認識し、色彩豊かな体色を持つようになる。ただそれがどういう意味を持つかについてはまだ研究が進んでいない。海が青いのは可視光線の波長の長いものから水に吸収され青色が残るからである。紫外線の場合は波長の短いものから水に吸収され、深くには届かない。また紫外線は懸濁物（浮遊している微粒子）や溶けている有機物によって吸収される。

イワシやアジなどの腹部の銀白色は、紫外線を含む全ての光を反射する仕組みで捕食者から逃れている。上から狙う鳥や肉食魚などの捕食者から見つからないように背中は青く、腹部は捕食者が下から見上げた場合、太陽の光で明るく輝いているため銀白色となっている。銀

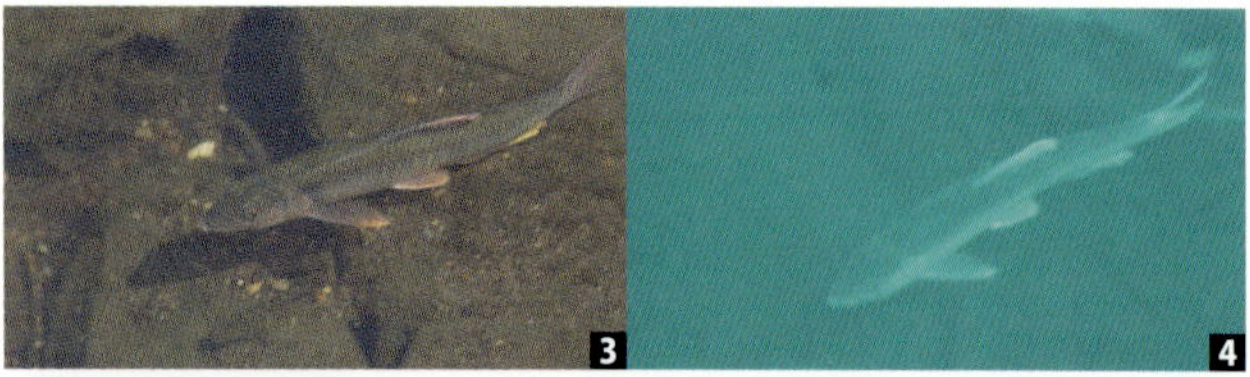

**10-3** オイカワの雄
**10-4** 紫外線写真（鰭のオレンジ色の部分が紫外線反射し目立つ）

白色は構造色であり、反射光の薄膜干渉現象による。紫外線が見える動物には紫外色として見える。

ネオンテトラは、青緑色の金属光沢と腹部下面の赤い色で人気の高いアマゾン川原産の熱帯魚である。青く光っている部分は構造色であり、今までにいろいろな研究報告がある。ネオンテトラの紫外線写真を撮ると、青緑色の部分は紫外線を反射した。この青緑色の部分は光条件によって明るい場所では青緑色、暗い場所では濃い紫色、ストレス下では黄・赤へと変化する。この紫外線を含めた体色の変化は危険が迫っているときや、餌があるとき、それらの情報を仲間に知らせるコミュニケーションとして使われているという（大島範子、２０１０）。

淡水魚のオイカワは関東地方ではヤマベといわれており、雄の婚姻色がきれいな魚である。産卵期には雄が礫《れき》のある浅瀬で一時的な縄張りを持ち、雌を待っている。このときの雄の紫外線写真を撮影すると、鰭《ひれ》の鮮やかなオレンジ色の部分が強く紫外線を反射している。これは、カワセミやサギなど魚を狙う鳥にとってはよい目印となる。この婚姻色は求愛・縄張りなど子孫を残すためには必要不可欠であるが、捕食者に狙われやすい。捕食者から逃れたものだけが、次の世代に命を引き継いでいく。

## 11 マムシの銭形模様

筆者が幼い頃、祖母が一升瓶の中に入ったマムシを買って、焼酎《しょうちゅう》を注ぎ込み、つけていた。一升瓶に焼酎を入れるとマムシは喜んで飲んでいるように見えた。今から考えるとアルコールの脱水作用で苦しんでいたのだろう。ビンの中のマムシの銭形模様が目に焼き付いている。チャンバラで叩《たた》かれてできたたんこぶに、祖母はその焼酎を塗ってくれた。

マムシはおとなしいヘビであるが、危険を感じたときには尾を振るわせて地面を叩いて音で威嚇する。さらに危険が迫ると鎌首《かまくび》を持ち上げ、口を大きく開け、とびかかる姿勢をとる。体長に対して胴が太く、頭が三角形である。また銭形模様が特徴である。毒ヘビとしてよく知られており、その毒は出血毒である。ヘビの捕食者は猛禽類《もうきんるい》とネコ科の動物が知られている。野良猫がアオダイショウを捕らえているのを何回か目撃しているが、日本での捕食者は主に猛禽類であろう。紫外線写真ではマムシの銭形模様がほとんどわからない。マムシの特徴である銭形模様は紫外色とは関わっていないと思われる。

身近に見られる毒ヘビとしてヤマカガシがいる。奥歯の根元に毒腺《どくせん》がある。また頸部も違った毒を出す。この頸部の毒は餌となっているヒキガエル由来の毒である。ヤマカガシは危険が迫ると頭をあげてコブラのようにやや頸部を広げて後ろ向きになり、頸部背面を見せ、毒ヘビ

**11-1** マムシ
**11-2** 紫外線写真（マムシの銭形模様がはっきりしない）

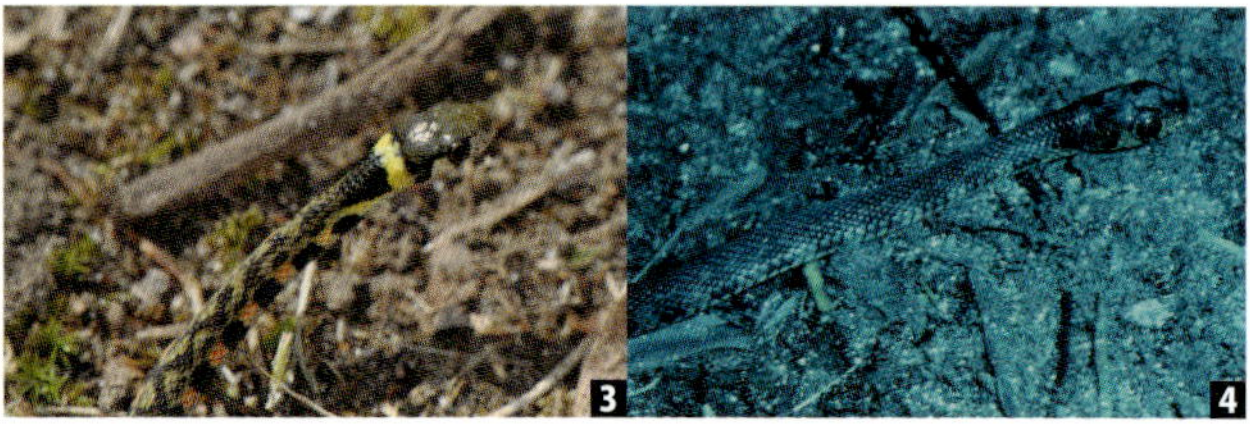

**11-3** ヤマカガシの幼蛇
**11-4** 紫外線写真（首の黄色の部分が紫外線を吸収している）

であることを相手に警告する。幼蛇は頸部背面にはっきりした黄色が首輪のようになっている。これは毒を持つ警告色と考えられているが、その適応的な機能についてはまだよくわかっていない。その黄色い部分は成体になるとくすんだ色になる。紫外線ではこの黄色は紫外線を吸収し、成長しくすんだ色になると紫外線を強く反射する。紫外線吸収量が大きく変化することを見ると、いずれも目立つこの部分に警告色としての働きがあると思われる。

# 第3章 虫・鳥を誘う戦略

上：オオイヌノフグリ　下：小さな花のネクターガイド

花と昆虫・鳥はともに駆け引きをしながら進化してきた。紫外線を利用して蜜のありかを花粉の運び屋の虫に教えたり、鳥に果実を提供し種子を運んでもらう植物を中心に見ていこう。

# 1 花の色はディスプレイ

種子植物には裸子《らし》植物と被子《ひし》植物がある。その違いは胚珠《はいしゅ》保護の違いで、子房《しぼう》がなく胚珠がむきだしの植物がスギ、マツ、ソテツなどの裸子植物、胚珠が子房に包まれているのがサクラやキクなどの被子植物である。裸子植物のほとんどが風によって花粉が運ばれて受粉する風媒花であり、被子植物の多くは虫や鳥などの動物によって花粉が運ばれる動物媒花である。被子植物の中にも風媒花や同花受粉や単為生殖する花も見られるが割合は低い。動物媒花の種の割合の平均は温帯で78％、亜熱帯で83％、熱帯平均で94％であり、被子植物では全体の87・5％の花粉が動物によって媒介されているという報告（Ollerton, J., et al., 2011）がある。被子植物は、花粉を運んでくれる虫や鳥の目を引くため、カラフルな花色を持ったりよい香りを持ったりしている。

風媒花では、偶然に同じ種類の花の雌しべの柱頭に花粉が落ちて初めて受粉が成立する。そのため風通しがよく、同じ種が隣接して群落として生えているなどよい条件がそろわないと受粉の効率が悪い。草原ではチガヤやススキなどの風媒花の比率が高くなる。風媒花は花粉も風に飛びやすい形で、多量につくられる。スギ、ヒノキ、ブタクサなど花粉症の原因となるのは、風媒花の花粉である。長い進化の歴史の中で、チガヤ、ススキやブタクサなどは再び風媒花に

**1-1** 赤い花に飛来したキアゲハ
**1-2** 黄色い花が好きなハナアブ

**1-3** 匂いに誘われ蜜を吸いにきたジャワオオコウモリ
**1-4** ツバキの花の蜜を吸いにきたメジロ

戻った種類である。

いっぽう、森林内では風がなくなり、昆虫を利用する植物が多い。花と昆虫の間の初期の段階では、昆虫は花粉を盗みに来る敵対関係にあったと思われる。しかし、その虫により受粉が成功しはじめると、より虫を惹きつける報酬と広告により、昆虫を利用するようになった。報酬としては花粉に加えて花蜜、広告としてはカラフルな花の色や匂いである。花粉には16〜30%のタンパク質、1〜7%のデンプン、0〜15%のショ糖、3〜19%の脂肪分を含む。それに対して花蜜はほとんど糖分で、少量のアミノ酸、有機酸などを含んでいる。

花粉の無駄を防ぐために、花粉を集めて別の株の花に届けてくれる花粉媒介者を雇うことになった。花粉を媒介する昆虫の中で、ハナバチは幼虫も成虫も花粉と花蜜を、ハナアブとハエは成虫が花粉と花蜜を食べている。チョウは成虫がエネルギー源として花蜜を吸いに来る。ハナムグリなど甲虫の仲間は成虫が花粉と花蜜を食べに来る。

送粉者（昆虫や鳥などの花粉媒介者）を惹きつけるのに役立っている花の色彩はいろいろである。大半の昆虫は赤が識別できないが、アゲハチョウの仲間は赤色の花を認識できることがわかってきた。また見えない広告として匂いがある。夜行性のガやオオコウモリなどだけでなく、昼行性のカミキリムシなども強い匂いを出す花の送粉者として知られている。

## 2 黄色い花は紫外線を強く反射する

ミツバチなどは緑色と黄色の識別ができない。葉の緑色と花の黄色は紫外線反射率の違いによって見分けていることになる。そのため黄色の花は自分の存在をアピールするために紫外線を強く反射しているものが多い。視力が弱い昆虫は紫外線を吸収する葉と紫外線を反射する花を識別し、訪花する。

この黄色い花の色素は主にカロテノイドによる。他にほぼ全ての花に含まれている無色のフラボノイドも関わっている。花に含まれる色素は花びらの上の表皮と柵《さく》状の部分に含まれ、色素層になっている。その下にあるスポンジ状の部分に気泡が含まれており、気泡が光を反射する。それが反射層となり、光を反射している。その下には下面の表皮細胞があり、その細胞にも色素が含まれ、色素層となっている。ほとんどの光は反射層で反射されるが、一部は通り

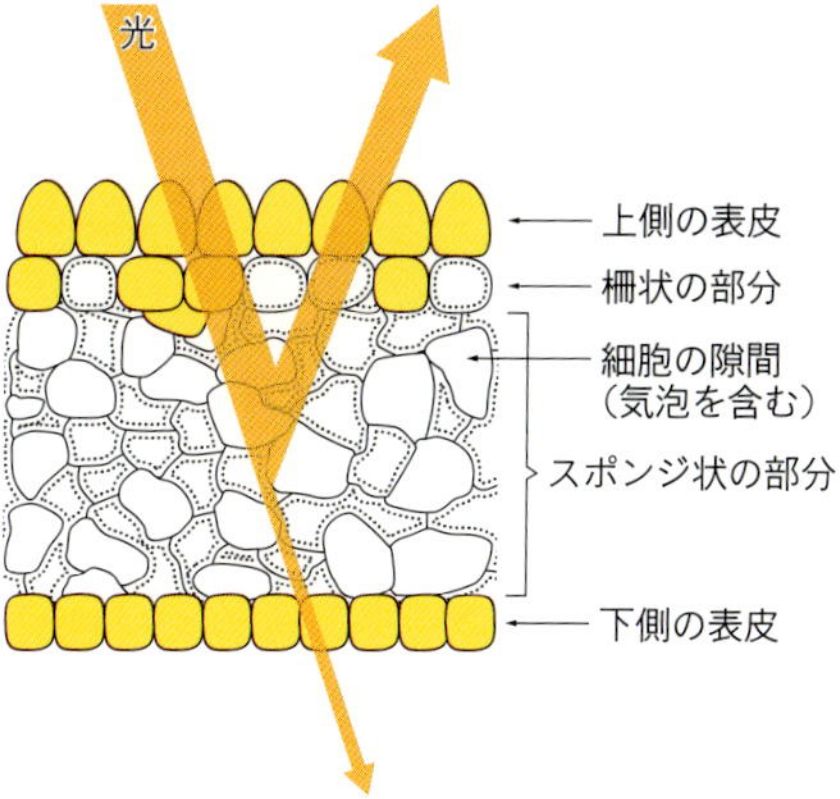


**2-1** 花びらの断面

**2-2** 菜の花とモンシロチョウ
**2-3** 紫外線写真（花びらの紫外線反射で花に近づき、紫外線を吸収しているネクターガイド〔次項参照〕で蜜のありかを知る）

**2-4** ウマノアシガタ
**2-5** 紫外線写真（花びらは強く紫外線を反射し、雄しべは吸収している）

抜ける。花が艶やかな色を発色するには、反射層の構造によるところが大きい。カロテノイドの種類によっても違いがあるが、多くのカロテノイドはかなり紫外線を反射する。だがカロテノイド色素が紫外線を反射するのではなく、実際には、この気泡を含む反射層で紫外線が反射される。

キンポウゲ科のある花は黄色の花びらがテカテカしている。その理由はその表層とその下のデンプン層の隙間《すきま》によって光が反射されるからであると、ケンブリッジ大学の研究グループ（Vignolini, S., et al., 2012）が発表した。しかし、同じキンポウゲ科のウマノアシガタを使った実験では、花びらに含まれる色素はβカロテン（カロテノイドの一種）とクロロフィルで、隙間でなくデンプン粒によって反射されるという報告（針山孝彦他、２０１３）もある。どちらのモデルが正しいのか、または植物種によって異なるのかは、まだわかっていない。しかし、花の色は色素だけでなく、その花の構造とも大いに関わりがあることが示されている。

## 3 ネクターガイドは蜜のありかを示す

ハナアブ（花に集まるアブの仲間、ハエ目ハナアブ科）は黄色の物体に口吻《こうふん》（口の部分にある管状の突出した構造）を伸ばす習性があるという報告がある。よく見かけるヒラタアブもハナアブの仲間であるが、やはり黄色の花を好んで近寄ってくる。視力が悪く、ボンヤリとしか見えないのに、どのようにして黄色い花を見つけるのだろうか。ヒラタアブが飛来する黄色い花はいずれも、紫外線反射が強く、緑の草地の中でも目立って見える。そのため、黄色い花を見つけることができるのである。

クサノオウの花の周りをヒラタアブの一種が飛んでいた。黄色い花びらにとまってから、花粉や蜜を食べに行くのか、はじめから雄しべのところに飛んでいくのか、観察した。雄しべの間をホバリング（翅を動かして飛びながら停止状態になること）しながら、何回か近づいたり、離れたりして、まっすぐ雄しべに取り付いた。紫外線を反射する花に引き寄せられ、紫外線を吸収する雄しべに取り付く。雄しべが飛び出しており、とまりやすいという利点があるにせよ、間違いなく紫外線吸収という雄しべのガイドマークが、花粉や蜜がある道案内としての役割を果たしている。

蜜がある場所の道案内の印をネクターガイドという。蜜を分泌するのは蜜腺であるが、蜜腺

**3-1** クサノオウの花に近づくヒラタアブ
**3-2** 紫外線写真（花びらの紫外線反射で近づく）

**3-3** 雄しべにとまって花粉を食べるヒラタアブ
**3-4** 紫外線写真（紫外線を吸収している雄しべにとまる）

のある場所は様々であり、それは花の種類によって決まっている。

紫外線反射の強いところに近づいてとまれば、あとはネクターガイドに従って花粉や蜜にありつける。ハナアブは蜜も食べるが、主に栄養価の高い花粉を食べる。口吻を伸ばして先が広がった部分で、食べ物をなめとる。昆虫にとってはタンパク質や脂質の多く含まれた花粉は魅力的である。食べられずに付着した花粉が同種の雌しべに運ばれ受粉する。植物にとっては、生殖にとって大事な花粉を食べられずに運んでもらいたいところであるが、風頼みより受粉の効率がよかったのだろう。

植物は花粉に続く第二弾として蜜

を分泌して虫を呼ぶようになった。これらによって花粉食でないチョウやガなども送粉者として利用するようになった。昆虫や鳥をできるだけ少ない蜜で惹きつけようとする花と、多くの蜜を得ようとする昆虫や鳥の駆け引きの長い期間が、花の形を複雑にさせたと考えられている。同種の花粉を運んでもらうには花の形を複雑にし、特定の昆虫だけが訪れるように花と昆虫の間で共進化が起きた。ハナアブやハエは花粉や蜜をなめやすい花、上を向いて平坦《へいたん》な花に集まる。

## 4 ヘビイチゴの仲間のネクターガイドの違い

ヘビイチゴの仲間はいずれも花が似ていて識別が難しい。自然観察会でも図鑑を見ながら、いろいろ論争が起きる。

「ヘビイチゴは田の周辺のやや湿った場所に生えている。ヘビイチゴは花が終わると花の床の部分（花托《かたく》）が膨らんで赤くなり、その表面に赤いつぶつぶの果実がたくさんつく、その中に種子がある。同様に私たちが食べているイチゴは本当の果実ではない。偽果といって、花托が膨らんだものである。種だと思っている赤いつぶつぶが本当の果実である。

オヘビイチゴも同じような場所に生えているが、花托は成長せずに赤くならない。ヘビイチゴの花には5枚の萼片《がくへん》の間に幅の広い5枚の副萼片がある。花弁のほうが萼片より小さい。オヘビイチゴは副萼片が萼片より小さく、花弁が萼片より大きい」

ヘビイチゴとオヘビイチゴの違いを文で表した。ベテランの自然観察家はすぐに理解できると思うが、初心者はなかなかこのような文から識別するのは大変である。ヘビイチゴとオヘビイチゴの両方がそろっていれば、比較してわかるが、片方だけではなかなか難しい。

しかし、紫外線写真で見れば一目瞭然《いちもくりょうぜん》である。紫外線吸収部のパターンが異なっているからである。ヘビイチゴは花の中心部にある雌しべと周りの雄しべが紫外線を吸収しているが、

**4-1** ヘビイチゴ
**4-2** 紫外線写真（花びらは紫外線を反射し、中心部にある雌しべとその周りの雄しべは紫外線を吸収している）

**4-3** オヘビイチゴ
**4-4** 紫外線写真（雄しべと雌しべだけでなく、花びらも半分ほど中心に近い部分が紫外線を吸収している）

オヘビイチゴは花びらも半分ほど中心に近い部分が吸収している。

ヘビイチゴやオヘビイチゴにはハナアブなどが飛来して受粉している。私たちには識別が難しいヘビイチゴとオヘビイチゴの違いを、紫外線が見えるハナアブは容易に見分けていることになる。ヘビイチゴとオヘビイチゴに似た花には、キジムシロ、ヤブヘビイチゴ、ミツバツチグリなどがある。しかし、いずれも紫外線吸収部のパターンが異なっている。私たちが食べているイチゴの花は白く、このような紫外線吸収部のパターンはない。花びら全体が紫外線をかなり吸収している。

## 5 花粉も紫外線を吸収し、存在をアピール

多くの植物には、ひとつの花の中に雄しべと雌しべがある（両性花）。また雄しべだけ、あるいは雌しべだけしかない花（単性花）もある。雄しべは細い茎のような花糸と花粉が入っている葯《やく》からできている。花粉が熟し、受粉の時期になると葯が裂けて花粉が外に出る。いろいろな昆虫が訪れる花もあり、特殊な形をした花では特定の昆虫のみが訪れる。花に飛来したミツバチを見ると、集めた花粉を脚につけている（花粉ダンゴ）。黄色の花粉が多いが、なかにはいろいろな色の花粉が混じっている。花粉の色素は昆虫を惹きつけたり、太陽に含まれる紫外線から花粉を保護するのに役立っていると考えられている。

花粉に含まれている色素はカロテノイド、フラボノイド、アントシアニンである。黄色い花粉はカロテノイドのキサントフィルが含まれる。赤色や紫色はアントシアニンによる色である。フラボノイドはほぼ無色で紫外線の吸収に関わっている。フラボノイドは青色の光を当てると反射し、またアルカリ性になると黄色になるので、アンモニアを使って黄色になれば、フラボノイドの存在を確認できる。多くの花粉の紫外線の吸収度が高いのは、フラボノイドを多量に含んでいるためである。花粉食のハチなどは、紫外色で雄しべに花粉が残っているかどうか知ることができる。

**5-1** ヒルザキツキミソウ
**5-2** 紫外線写真（花びらが紫外線を吸収し、雄しべと花粉が紫外線を反射している）

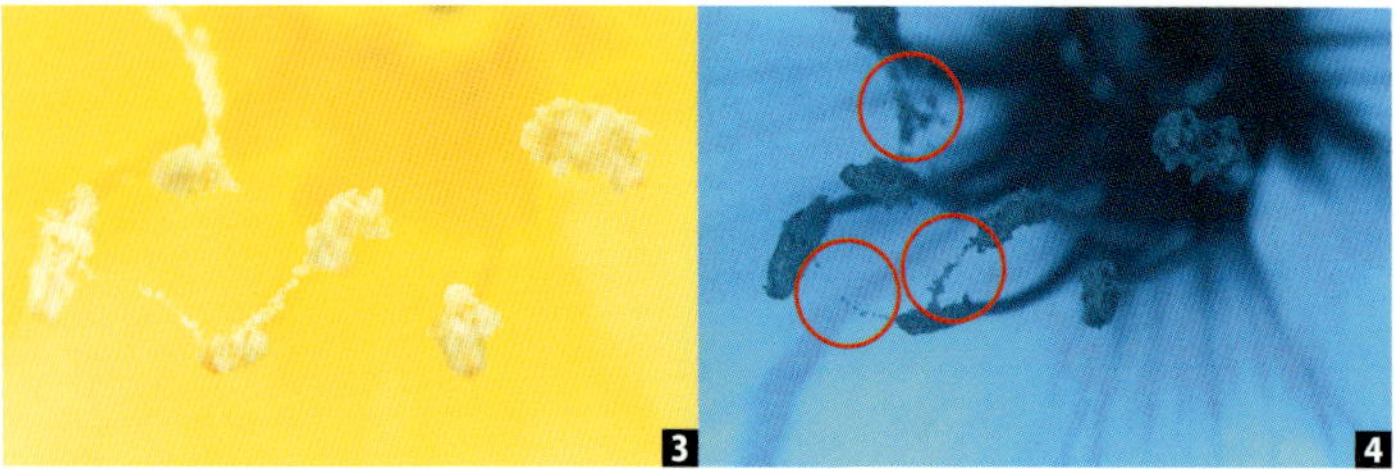

**5-3** メマツヨイグサの雄しべ
**5-4** 紫外線写真（雄しべは紫外線を吸収し、粘着糸に花粉がついているのがわかる）

しかし、自然界は多様である。花粉が紫外線を反射する花もある。帰化植物のヒルザキツキミソウで、花びらは全体が紫外線を吸収するが、雄しべは全体が強く紫外線を反射する。紫外線を反射することで花粉のあり場所を目立たせている。同じアカバナ科のユウゲショウも帰化植物であるが、雄しべの部分は紫外線を吸収し、花粉だけが紫外線を反射している。身近に見られるメマツヨイグサは、花びらは紫外線を反射し、雌しべ・雄しべ・花粉は紫外線を吸収する。粘着糸についた花粉を見ると、それがよくわかる。

花はあの手この手の戦略で、虫を誘っている。アケビは雄花と雌花があり、雌花は蜜を出さない。蜜のない雌しべを送粉者は訪れることはない。しかし、アケビの雌花は雄花よりやや大きく形はよく似ている。形や色だけでなく、紫外線反射も似ている。送粉者のハナバチはだまされて雄花と思い、報酬なしで雌花に行き受粉の手助けをしている。

## 6 ツツジの花は口吻の差し込み口を示す

公園に咲くツツジの花にはアゲハ、キアゲハやカラスアゲハなどが蜜を吸いにやってくる。ヤマツツジは赤い色をしている。赤い色はアゲハチョウの仲間を誘う色である。普通昆虫は赤色が見えないが、アゲハチョウの仲間は赤色を認識できることが確かめられている。では他の昆虫は私たちが赤外線や紫外線が見えないように赤色の花が見えないのだろうか。昆虫は紫外線が見えるので、紫外色で見ているのだろう。

ツツジは5枚の花びらがくっついた合弁花である。5つに裂けた花の上の部分の根元に、斑点がヒョウ柄模様となっている。これが蜜のありかを示すネクターガイドである。写真のミツバツツジのように、この斑点がほとんど見られない種類もある。しかし紫外線写真では、いずれも、同じように紫外線を強く吸収して、ネクターガイドがはっきりわかる。ネクターガイドが示しているところに溝があり、花びらが曲がって細い管になっている。細い管は1cmより少し長いくらいで蜜のたまり場に続いている。長い口吻を持つアゲハチョウの仲間はその蜜を吸うことができる。また長い口器(中舌《ちゅうぜつ》)を持っているマルハナバチは花に潜り込んでストロー状の中舌を伸ばして蜜を吸う。ツツジの花粉は粘着糸で繋《つな》がっていて、花を訪れた昆虫に引っかかりやすくなっている。アゲハチョウは脚に、マルハナバチは体に花粉をつけて、他の花を

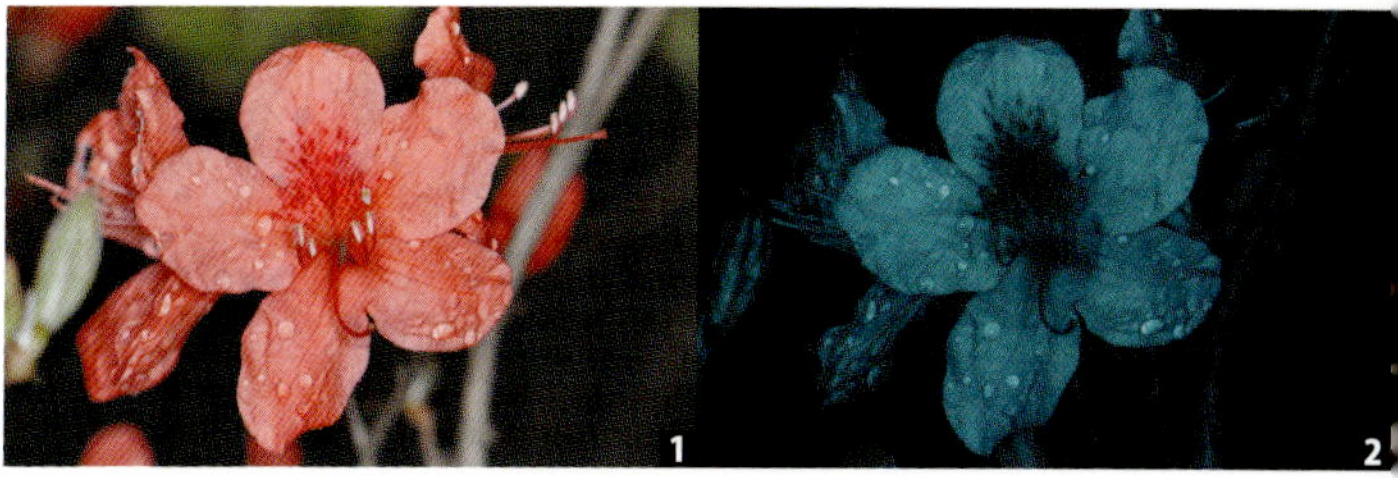


**6-1** ヤマツツジ（赤い斑点部分のネクターガイドがわかる）
**6-2** 紫外線写真（花びらの赤い斑点部分が紫外線を吸収している）

**6-3** ミツバツツジ（ネクターガイドがわからない）
**6-4** 紫外線写真（口吻の差し込み口にネクターガイドが見られる）

訪れると突き出た雌しべに触れて受粉が行われる。

ツツジとアゲハチョウやマルハナバチの仲間のように、特定の昆虫と契約を結ぶことは利点がある。不特定多数の花に花粉が運ばれるより同種の植物に立ち寄る可能性が高くなり、受粉の効率が高くなる。それなら食べ物（蜜）を多く提供してもよい。私たちがツツジの蜜をなめても甘く感じるのはこのためである。

## 7 虫を招くウツボカズラの紫外線反射

ウツボカズラは食虫植物で、葉の先端から細いつるを伸ばして、その先端に蓋のついた壺《つぼ》のような捕虫嚢《ほちゅうのう》をつける。巧妙な落とし穴式で虫を捕らえる。捕虫嚢に落ちた虫は水の中に分泌された消化酵素で分解され、吸収される。東南アジアを中心に分布しており、世界で70種ほどのウツボカズラがある。特にボルネオには多くの種が見られる。やせた土地で窒素、リンなどの栄養分が足りない分を、虫などを消化して補っている。

ボルネオのサラワク州では25種類のウツボカズラがあり、特にムルッド山（2424m）は、ウツボカズラの宝庫として知られている。2017年8月に山に登り、ウツボカズラの捕虫嚢の紫外線撮影をした。大型の捕虫嚢を持つウツボカズラは蓋の部分に蜜を分泌する蜜腺があり、蜜を分泌し、虫を集めている。またネズミやツパイがその蜜をなめに来て、捕虫嚢の中に排出した尿や糞などを栄養分としていることなどが報告されている。これら大型のウツボカズラの捕虫嚢には紫外線反射は見られない。

小型のウツボカズラでは、紫外線を反射しないもの、捕虫嚢の縁は反射しないが内部が反射するもの、捕虫嚢の縁および上部は反射しないが内部が反射するものが見られた。また茨城県のつくば植物園のウツボカズラでは縁だけが反射するものがあった。紫外線を反射する場所は

**7-1** 大型のシビンウツボカズラ
**7-2** 蜜をなめに来たメグロメジロ

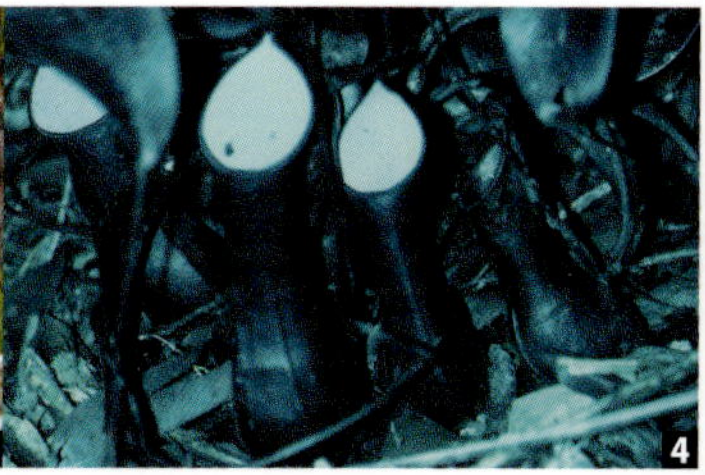

**7-3** 小型のミドリウツボカズラ
**7-4** 紫外線写真（捕虫嚢の内側が紫外線反射し、虫を誘引している）

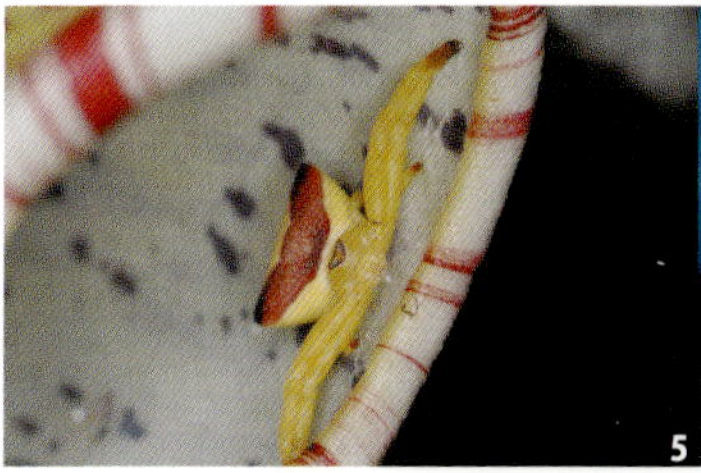

**7-5** ウツボカズラに潜むカニグモ科の一種
**7-6** 紫外線写真（紫外線反射で誘いこまれた虫を捕らえる）

透けて見える白いビロードのように見える。このように、わざわざ紫外線を反射する構造を持つのは紫外線で虫をおびき寄せるためである。

紫外線を反射するウツボカズラの捕虫嚢で待ち伏せ、獲物を横取りするクモ（カニグモ科の一種）がいる。クモは大型のハエなどを捕らえ残り物をウツボカズラの消化液に落とすので植物にも利益があるという。

大型のウツボカズラは蜜でネズミやツパイなど哺乳類をおびき寄せるために、紫外線反射は必要がないのだろう。ムルッド山で一日大型のシビンウツボカズラを観察していたら、メグロメジロが蜜をなめにやってきた。かなりの量の蜜を分泌しているのだろう。受粉ではなく、ウツボカズラは蜜を提供し、代わりに排出物をいただいている。蜜を分泌するのは、受粉のためだけではない。

## 8 白い花は紫外色で花の存在をアピールする

植物の葉はなぜ緑色に見えるのだろう。それは他の光を吸収し、緑色の光を反射するからである。赤や青の光を吸収し、光合成をする。利用しない光は反射される。黒色は全ての光を吸収し、白色は全ての光を反射するから、それぞれ黒色・白色と認識される。全ての光とは可視光線であり、紫外線は含まれない。私たちが見ることができる可視光線は380nm〜780nmの波長の光である。筆者が撮影している紫外線写真は360nm紫外線透過フィルターを使っているので、360nmをピークとした近紫外線写真である。光の波長は連続しており、当然白い花は強く紫外線を反射すると思われた。だが、ほとんどの白い花は、程度の差はあるが紫外線反射は強くない。これは紫外線を吸収する色素であるフラボノイドが含まれているからである。

このことは、花の色はふたつの異なった仕組みで発色していることを意味する。ひとつは花の物理的構造によるものと、もうひとつは含まれる色素によるものである。細胞表面に凹凸があったり、内部の細胞の間に空気が詰まっていると、光が散乱し白色に見える。洗濯機の中にできる泡が白く見えるのと同様である。いっぽうでフラボノイド色素は無色に近いので、その色素が含まれていても、私たちには白色に見える。

このため、白い花でも、紫外線吸収の割合は大きな幅がある。少し暗いところでも、白い花

**8-1** ドクダミ
**8-2** 紫外線写真（花に見える総包片は紫外線をかなり吸収するので、虫にとっては薄い紫外色として見える）

**8-3** ミズバショウ
**8-4** 紫外線写真（白い仏炎苞はフラボノイドによって紫外線の吸収が見られる）

が浮かんで見えるドクダミの花は紫外線吸収がかなり強い。ドクダミの花びらに見えているものは、4枚の総包片で、小花が穂状《すいじょう》になっている。小花は花びらはなく雄しべと雌しべからできている。

また春に北海道を訪れた際に、ミズバショウの撮影をした。白い花びらに見えるのは仏炎苞《ぶつえんほう》といい、葉の変形したものである。本当の花は太く穂状になったところに密生している。送粉者を惹きつけるのが、この花びらに見える仏炎苞であろう。この仏炎苞にも紫外線吸収が見られるが、ドクダミよりは弱い。紫外線が見える昆虫には、紫外線吸収率が大きい白い花は薄い紫外色に、紫外線吸収率が少ない白い花は濃い紫外色に見えている。

## 9 ランの花の紫外線反射はいろいろ

植物の中で最も進化したものがキク科とラン科の植物だといわれる。キク科は現在2万5000種以上、ラン科は1万8000種以上の種類が知られている。地球上のあらゆる環境に適応し分化してきたといえる。特にラン科の植物は受粉昆虫との関わりの中で特殊化したものが多い。なかには雌バチに化けて雄バチを誘惑しているランの花もある。擬態で雄バチを呼ぶだけでなく、さらに雌バチの出すフェロモンとそっくりの化学物質を出して、匂いでも雄バチを引き寄せるランもある。このように昆虫をだますランがヨーロッパでは100種類ほど知られている。擬態するランの紫外線写真は、まだ撮影していないが、当然ハチと同じような紫外線反射を示すであろうと推定できる。

ラン科のサギソウの花は鳥の白いサギが飛んでいる姿に似ていることから、つけられた名前であろう。このサギソウの白い花はかなり紫外線を反射する。また紫外線によるネクターガイドが見られない。なぜだろう。当然これは受粉と関わりがある。サギソウは、花びらの基の部分の孔《あな》が蜜のたまり場まで管となっている。その奥の蜜を吸うことができるのは、口吻の長いスズメガだけである。受粉者が夜行性のガであるため紫外線によるガイドマークがないのだろう。サギソウの目立つ濃い紫外色と花の匂いでガをおびき寄せるのだろう。

**9-1** サギソウ
**9-2** 紫外線写真（花は紫外線を反射し、虫にとっては強い紫外色として見える）

**9-3** ナリヤラン
**9-4** 紫外線写真（可視光線の色合いの強弱とは異なり、ネクターガイドが見える）

**9-5** クマガイソウ
**9-6** 紫外線写真（唇弁の真ん中の穴周辺が紫外線を吸収している）

いっぽう、ナリヤランは熱帯アジアに広く分布し、日本では八重山《やえやま》諸島で見られるランだが、その花は、可視光線と紫外線とでは異なって見える。赤い部分は紫外線を反射し、ネクターガイドマークとしての白色部分は紫外線を吸収している。西表島《いりおもてじま》産のナリヤランは三倍体（普通は二倍体であるのに対し、三倍体は生殖細胞をつくることができない）で、単為生殖をすることが知られている。他の花粉が雌しべにつくことが刺激となり、受精なしに発生が進むといわれている。受精でなく、発生のスイッチを入れるために虫を引き寄せている。

また面白い花の形をしているのがクマガイソウである。受粉者のマルハナバチは紫外線を吸収している唇弁《しんべん》（唇状の花弁）の穴に誘い込まれる。この穴の中には仕掛けがあり、一方通行で上の出口に向かう。途中で背中に花粉を付着させられる。ハチにとっては報酬なしのただ働きとなる。

このように、ランの花は花の形だけでなく、受粉方法も変化に富んでおり、紫外線反射も多様である。

## 10 スッポンタケは紫外色で虫を招く？

　キノコにも花に劣らずカラフルな傘の色があり、発光するキノコまである。被子植物の魅力ある花の色は虫を惹きつけ受粉するために役立っている。だが、胞子で増えるキノコは受粉の必要はない。ではキノコの色や形の豊かさは何のためにあるのだろうか。他の動物に食べられないために派手な色をしているのだろうか。いかにも毒がありそうな真っ赤な色をしたタマゴタケは食用キノコであり、発光するツキヨタケは地味なシイタケに似たキノコであるが、毒キノコである。キノコの色と毒の有無は関係なさそうである。

　キノコは細い糸状の菌糸の集まりである。突然に地面や木から生えてくるようなキノコであるが、地面や木の中にマット状に菌糸が広がっている。ふだんは落ち葉や木を分解して生活している菌糸から、気温が下がり雨が降って土の水分が多くなるとキノコができる。地面や葉に広がっている白い菌糸の紫外線写真を撮影すると、強く紫外線を反射する。肉眼ではよくわからない菌糸の状態を紫外線写真で容易に確認することができる。また白いキノコはいずれも菌糸同様に紫外線を強く反射した。キノコの役割は胞子の散布であり、胞子を風散布するキノコは色との関わりは結びつかない。花の場合、白い花びらは細胞の隙間にある空気と細胞の液体の屈折率の違いで、全ての光が散乱、反射するので白く見えた。しかし、多くの花は紫外線の

**10-1** タマゴタケ
**10-2** 紫外線写真（赤い色素が紫外線を吸収している）

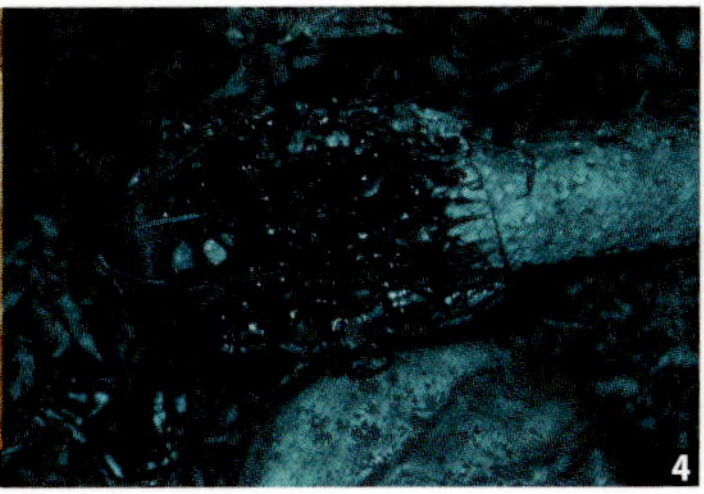


**10-3** スッポンタケ（写真のようにこのキノコはすぐに倒れてしまう）
**10-4** 紫外線写真（発散する強い匂いだけでなく紫外色の輪郭の強さもハエを誘っている可能性がある）

害を防ぐためにフラボノイド色素を含むので、紫外線の吸収が見られた。だが、暗い森の下に生える白いキノコの場合は、フラボノイドは、必要なかったと思われる。

　キノコの胞子拡散の方法として、先に述べたように風を利用して遠くに飛ばすものが多い。なかには動物に踏まれたり、雨などの物理的刺激で飛ばすものもある。スッポンタケやキヌガサタケなどは匂いでハエなどを誘い、体に胞子を付着させて運んでもらう。いずれも傘の部分は胞子を含む暗緑色の粘液で紫外線を強く吸収し、柄の部分は反射している。傘の部分は紫外線吸収で発熱し、匂いを発生しやすくしているとも考えられる。匂いだけでなく、紫外線を反射する白色と紫外線を吸収する暗緑色のコントラストでハエを誘引している可能性もある。

キノコの色、発光や紫外線反射がどのように胞子拡散に関わっているか、全く解明されていない。

**11-1** 花蜜食のキゴシタイヨウチョウ
**11-2** クモも食べるが蜜もよく吸いに来るコクモカリドリ

## 11 鳥媒花は色で鳥を招く

花粉を運ぶのは昆虫だけではない。鳥とコウモリも花粉を運ぶ。ボルネオなどの熱帯雨林では、鳥やコウモリで受粉する動物媒花も多い。クモカリドリやタイヨウチョウなどの鳥は蜜を吸いに定期的に同じ花を訪れる。一定時間を過ぎないと蜜が十分に溜《た》まらないからである。特にタイヨウチョウは花の生産物だけで生活している。オオコウモリの仲間は大きな目をしており、超音波を出さない。夜間飛行して花を訪れる。熱帯雨林は木の種類が多く同種間の距離が離れているため、花粉を遠くに運んでもらうために飛翔距離が大きい鳥やコウモリによる動物媒花が見られるのだろう。

日本ではツバキ、サザンカなどが代表的な鳥媒花である。いずれも冬か早春に咲く花であり、まだ変温動物の昆虫が活動していないか、活動の鈍い時期であるため、虫に頼ることができず、ヒヨドリやメジロなどの鳥に花粉を運んでもらう。昆虫に比較して大型の鳥に花粉を運んでもらうにはそれなりの量の蜜を出すというコストが

**11-3** サクラの花粉が嘴についているヒヨドリ
**11-4** 紫外線写真（耳羽の赤褐色の部分が強く紫外線吸収している）

**11-5** ツバキに来たメジロ
**11-6** 紫外線写真（メジロの白いアイリングが強く紫外線を反射している）

かかる。夏には鳥媒花があまり見られないのは、より少ないコストで運んでもらえる昆虫が利用できるからだろう。またヒヨドリとメジロにとってもツバキやサザンカが咲く冬の時期は餌となる昆虫が少なく食糧不足であり、エネルギー補給として蜜を吸うのだろう。

ヤブツバキの花の雄しべの根元部分は合わさって管状になっており、そこに蜜を蓄えている。メジロもヒヨドリも舌の先がブラシ状になっており、蜜を吸い上げやすい構造になっている。鳥は昆虫と異なり、嗅覚はほとんどない。鳥を専門に送粉者として選んだ植物の花は、香りをつくることはしない。

これらの花は紫外線で見てもあまりガイドマークが見られないが、昆虫と違い、目がよい鳥には必要がないのだろう。鳥は赤系統の花を好み、鳥媒花は80％が赤い花である。

## 12 紫外線を反射する木の実

花が咲いて種子ができ、そして芽が出て新しい子孫が繁栄していくには、花粉を運び受粉させる動物、種子を運ぶ動物などいろいろな動物が関わっている。種子を運んでもらうために植物はひとつの手段としておいしい実を提供し、種子を運んでもらうことにした。受粉者を招く花と同様に、目立たなければならない。食べられる時期も重要である。果実は、種子が十分に硬化して初めて果皮が色づくという。色の変化によって果実が熟したことを動物に示す。

東京都東部と千葉県の市街地では、鳥が散布する51種類の果実の色の割合は、赤系統が最も多く約41・2％、次に黒紫系統が29・4％、次にオレンジ系統21・6％、他の色、となる（唐沢孝一、１９７８）。赤色と黒色の草木の実が多い。緑の葉とコントラストが大きい目立つ色で90％以上を占めている。特に赤い色はサルや鳥にとっては目立つ色である。また熟して黒っぽくなった草木の実は紫外線を反射して鳥に目立ちやすいと今までいわれてきた。だが、多くの草木の実の紫外線写真を比較すると、色が変わっても熟す前と熟した後の紫外線反射の大きな差は見られなかった。しかし、紫外線反射のわずかの差を鳥は見分けている可能性もある。

果皮に含まれる色素はクロロフィル、カロテノイド、フラボノイド、アントシアニンである。果実が最初緑色をしているのはクロロフィルの色で、熟していくとクロロフィルが分解される。

**12-1** ヒサカキ
**12-2** 紫外線写真（熟しているかいないかにかかわらず、ほぼ同じ紫外線反射を示す）

**12-3** ドクウツギ
**12-4** 紫外線写真（熟しているかいないかにかかわらず、強い紫外線反射が見られる）

そしてカロテノイドの黄色系、赤色系の色やアントシアニンの青色系の色などによって色が変わる。一般にアントシアニンは酸性では赤色、アルカリ性では青色になる。このような色素の種類や量によって紫外線反射は異なる。

木の実の紫外線反射はかなり異なる。特に強く紫外線を反射した木はキミノマンリョウ（ヤブツバキ科）とドクウツギ（ドクウツギ科）である。普通の赤いマンリョウは紫外線を吸収するが、品種の異なるキミノマンリョウは紫外線を反射する。ドクウツギはピンク色、赤色そし

**12-5** アケビ
**12-6** 紫外線写真（サルの大好物であるが、紫外線反射により鳥を招く）

**12-7** ブルームのついたヤブミョウガの実
**12-8** 紫外線写真（ブルームの部分が紫外線を反射している。ヤブミョウガの実は植物ではあまり見られない構造色であると推定されている）

て熟すと黒紫色に変化するが、いずれも同様に強く紫外線を反射する。名前のとおり体全体に神経毒を持っており、トリカブト、ドクゼリとともに日本三大毒草のひとつに数えられている。全体に毒を持っているが、特に果実に多く含まれている。赤い実のように見えるのは花びらが肥大してできたものである。原始的な特徴を持った植物で、ドクウツギ科はドクウツギ一種のみである。赤くおいしそうに見えるので、戦前は子どもの食中毒が多かった。野生のものを何でも一口食べてみる人は気をつけなければならない植物である。

黒く熟すと毒性が弱まるという。鳥によって種子が散布されるといわれているが、鳥が訪れているのを見たことがない。鳥にとってもこれだけ紫外線反射が強ければ、目立つ実である。

アケビは果実が熟すと果皮が縦に裂けて、種子を包んだ半透明の果肉がむきだしになる。紫外線写真ではそれを含めて裂けた中身が全て強く紫外線を反射する。ヒヨドリをはじめ多くの鳥がそれに惹かれて集まってくる。種子は果肉と一緒に食べられ、糞とともに排泄《はいせつ》され分布を広げる。

果皮についている白い粉も紫外線を反射する。自宅の庭にあるブドウの実を鳥が食べにくるが、この白い粉を吹いたようなブドウの実から先に食べていく。この粉はブルーム（果粉）といわれ果実に含まれる脂質からつくられたオレアノール酸で、果実を病気から守る働きがある。野山の果実でもこのブルームが見られ、いずれも強く紫外線反射をする。ブルームのついたブドウは紫外線反射で目立つのだろう。

## 13 虫を紫外線で誘引するクモ

先にコガネグモの黄色と黒の縞模様のうち、黄色の部分が紫外線を反射することを紹介した。また銀色のクモ（ギンメッキゴミグモ、ギンナガゴミグモなど）や白色のクモ（シロカネグモ類など）も紫外線を反射する。クモ類の多くは窒素の代謝産物を腹部の中腸《ちゅうちょう》細胞にグアニン結晶として蓄え、排出する。銀色や白色は、そのグアニン結晶によるもので、グアニンは波長２５３nmで最大吸収度を示し、３１０nm以下の紫外線をほとんど吸収する。紫外線撮影による、より波長の長い３６０nmでは強い紫外線反射が見られたことから、より長い波長は反射することがわかる。クモの体色の紫外線反射は餌を誘引する役割があることが多く報告されている。

南方系のクモで、温暖化により北上しているスズミグモを自宅近くで見つけた。このクモは直径50cmくらいのドームのような形をした目の細かい網を張る。網には粘性はなく、入り込んだ虫がまごまごして糸にからまっているうちに素早くかけよって捕らえる。クモはドームの下側にいる。紫外線写真を写して驚いた。強く紫外線を反射した。この強い紫外色で虫を網の中に誘引しているのだろう。

待ち伏せ型のクモの代表はカニグモ科のクモである。その中のカトウツケオグモは個体数が少なく、珍しいクモである。歩脚を縮めてじっとしていると、鳥の糞そっくりである。他のカ

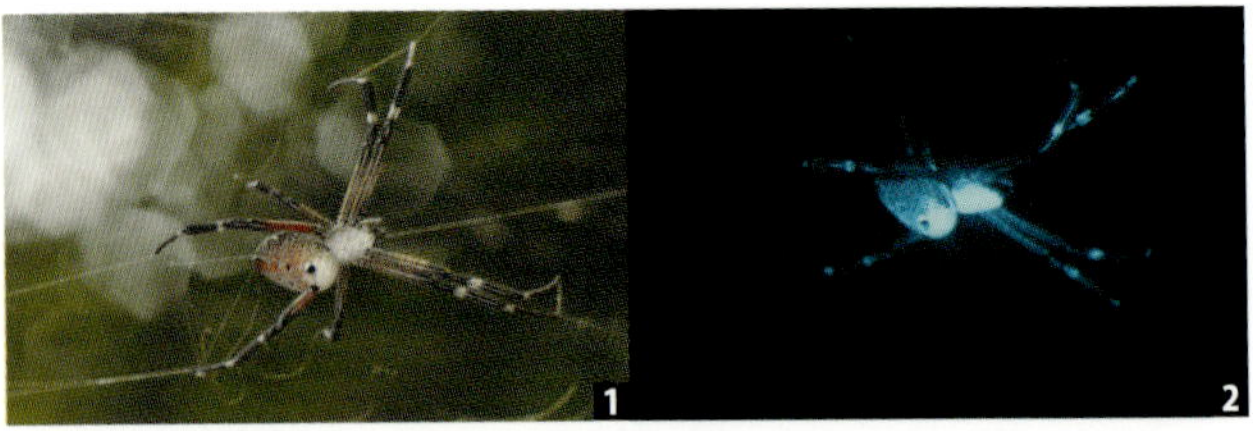

**13-1** スズミグモ
**13-2** 紫外線写真（体全体の紫外線反射が見られる）

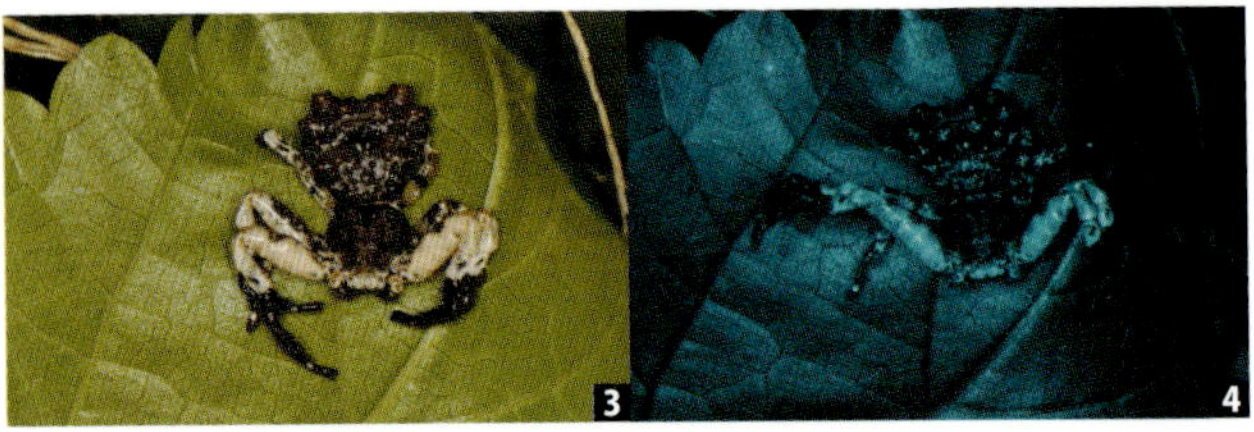

**13-3** カトウツケオグモ
**13-4** 紫外線写真（第１脚の強い紫外線反射で餌を誘引していると思われる）

ニグモと同様に葉の上で歩脚を広げて、第1脚と第2脚を伸ばし虫を待ち伏せする。ハエなどが近づくと脚を小刻みに震動させるという。このことから匂いで誘っている可能性もある。紫外線写真ではこの第1脚、第2脚が紫外線を強く反射した。この脚の紫外線反射で飛んでくる虫を誘っているのだろう。鳥の糞に含まれる白い部分の尿酸は紫外線を反射する。脚を縮めているときは、紫外色でも鳥の糞に似せている。鳥の糞に擬態して捕食者の鳥から逃れ、また紫外線反射する脚を使って餌を誘引している。これだけ他のカニグモの仲間に比べて虫を招くのに適応しているのに、数が少ないのは他の生活面での生存競争力が弱いからだろう。

# 第4章　紫外線から身を守る戦略

上：オオシオカラトンボ　下：体温上昇を防ぐ

海から陸上へ進出した生物は紫外線によって細胞のDNAにダメージを受けてしまう。そのため動物も植物も有害な紫外線から守るために、どんな工夫をしているか紹介しよう。

## 1 花の色は虫を呼ぶだけではない

花は、私たちの目を楽しませてくれるために美しい花を咲かせているわけではない。受粉して子孫を残せるように花粉を運んでもらう虫や鳥を誘うためである。しかし、紫外線写真を撮影すると、多くの花が強弱はあれ、紫外線を吸収している。花の美しい色は送粉者を誘うためだけではなく、紫外線からの害を妨げる働きもある。白い花もしっかりとフラボノイドを含み紫外線を吸収している。

高山植物だけでなく、同じ植物でも高い山に登ると鮮やかに感じるのは気のせいではない。高地に咲く花はより多くの色素を含み、鮮やかになる。これは高地に行くにつれ、紫外線強度が強まり、それがストレスとなり、植物は色素の合成を盛んにし、色素を蓄積するからである。紫外線照射量が多いところで生育する植物は、花や葉にフラボノイドを多く含んでいるという報告がある。フラボノイドは紫外線を吸収するが、光合成に必要な青や赤を吸収しない。花びらの鮮やかさはカロテノイドやアントシアニンの色素による。それらの色素が蓄積し、紫外線を吸収することで花の生殖器官を守っている。それらの色素は紫外線が当たると生じる活性酸素から守る働きがある。活性酸素が植物体内の物質と結合して起きる酸化反応を抑える抗酸化作用がある。また有害な活性酸素も消してくれる。

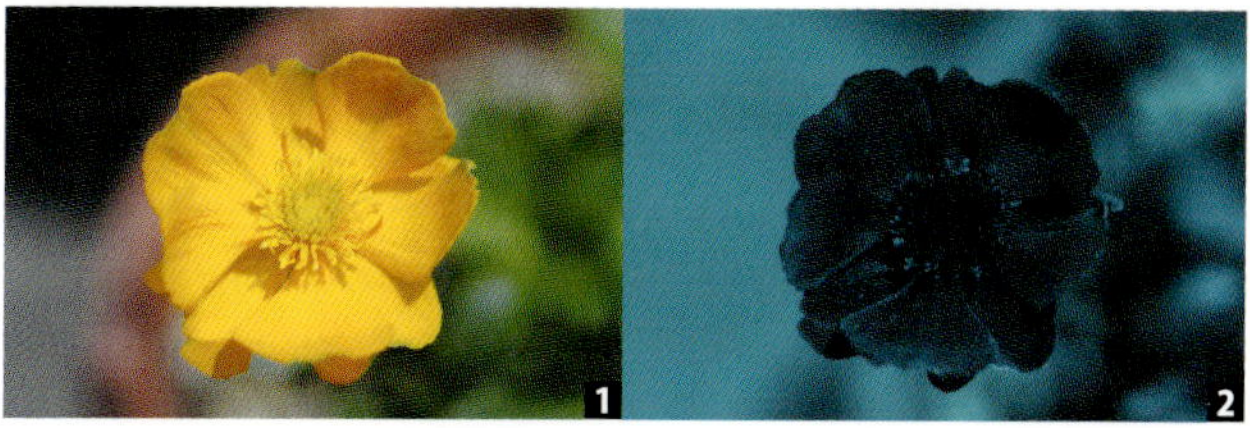

1-1 シナノキンバイ（高山植物）
1-2 紫外線写真（高山植物の花は紫外線を吸収するものが多い）

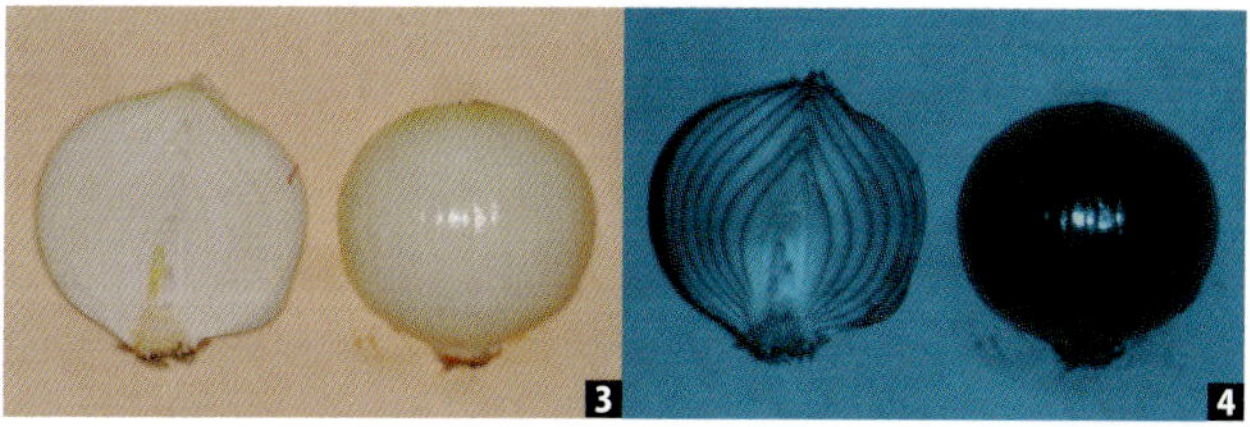

1-3 黄タマネギ
1-4 紫外線写真

これは花だけでなく、木や草の実も同じである。動物に果実を食べてもらい遠くに運んでもらうために、熟すと赤くなったり黒っぽくなる。あれほど鮮やかな色に変わるのは虫や鳥を呼ぶためだけでなく、紫外線から身を守るために濃い色素をつくっているからでもある。また私たちはこれら植物由来のフラボノイド、アントシアニン、カロテノイドなどの抗酸化物質を食べることによって健康を維持している。タマネギにフラボノイドが含まれていることは紫外線写真で一目瞭然である。紫外線というストレスがなければ、鮮やかな花や木の実もなかったと考えると、複雑な気持ちになる。

**2-1** 黄色のロウソクゴケ
**2-2** 紫外線写真（日当たりのよいところに生えているものは紫外線を吸収する）

**2-3** 黄緑色のロウソクゴケ
**2-4** 紫外線写真（日当たりの弱いところに生えているものは紫外線を反射する）

## 2 地衣類の紫外線防御と蛍光

菌類と藻類が共生しているのが地衣類である。黄色、灰緑色、黒っぽい色、白っぽい色といろいろな色の地衣類が見られる。地衣類の色は菌類がつくりだす色素を含む皮層の色と、共生している緑藻の緑色や藍藻《らんそう》（シアノバクテリア）の暗褐色の色による。雨が降れば濡《ぬ》れて、より藻類の色が強く出る。紫外線写真を撮影すると、同じような薄い緑色の地衣類でも、紫外線反射の度合いが異なっている。見かけは同じでも、種類が違えば、含まれる色素が異なるからである。

　ケヤキの幹が真っ黄色になっているのを見かけた。地衣類のロウソクゴケであ

**2-5** ゴンゲンゴケ
**2-6** 紫外線を当てると蛍光を発する

る。名前の由来は、ヨーロッパで黄色のロウソクをつくる原料とされたからである。日当たりのよいところに生えているものと日陰に生えているものでは、色が異なっている。日当たりのよいところでは紫外線の害を防ぐために菌類が色素をつくり強い黄色に、日陰では黄緑色になっている。紫外線カメラで撮影すると紫外線の吸収率が異なり、黄色はより多く紫外線を吸収している。

同じように日当たりのよいところでは黄色く、弱いところでは緑灰色になるキウメノキゴケがある。黄色はウスニン酸を含むことによる。ウスニン酸を含む地衣類では日当たりの条件により色の変化が見られるという。種子植物に見られた紫外線を吸収するフラボノイドは藍藻類・菌類・緑藻類にはないことから、共生生活している地衣類にも含まれない。

ゴンゲンゴケは紫外線を当てると鮮やかな黄色の蛍光を発色する。他の地衣類でも紫外線で蛍光を発するものがある。なぜ地衣類が蛍光を発するかはわかっていない。

## 3 スイレンの花は水面の照り返しから身を守るため紫外線を吸収する

花びら全体がかなり強く紫外線を吸収している花を紹介すると、キヌワタ、ワタ（アオイ科）、ヒルザキツキミソウ、ユウゲショウ（アカバナ科）、フクジュソウ（キンポウゲ科）、ムラサキサギゴケ（ハエドクソウ科）、スイレン、ヒツジグサ（スイレン科）、シロバナサクラタデ（タデ科）、チューリップ（ユリ科）、ミヤコグサ（マメ科）、ロウバイ（ロウバイ科）などがある。それらは、若干の吸収の度合いの違いがあるが、赤、白、黄色など花びらの色に関わりなく、紫外線を吸収している。

花びら全体が紫外線を吸収すると、蜜のありかを示すガイドマークにはならない。ではなぜ、全体が紫外線を吸収するのだろうか。スイレンは水面上に大きな花を咲かせ、水面からの紫外線反射を受けやすいため、紫外線を吸収し、紫外線の害を防いでいるのだろう。水面の紫外線反射が大きいので、虫にとっては紫外線を吸収している花はよく目立って見える。スイレンほどではないが、ハスの花も紫外線吸収が見られる。それに反してスイレンやハスの葉は紫外線反射は大きい。緑色をしているので、クロロフィルが含まれており、もっと紫外線を吸収するはずである。ハスやスイレンの葉は表面に水がつくと、広がることなく、丸く球形になり、転がり落ちてしまう。これらの葉の表面には小さな凹凸があり、その突起は撥水性《はっすいせい》で、突起と突

**3-1** スイレン
**3-2** 紫外線写真（水上で花を咲かすものは紫外線吸収が強い）

**3-3** フクジュソウ
**3-4** 紫外線写真（黄色の花であるが、葉より紫外線を吸収している。ネクターガイドの紫外線吸収が強い）

起の間の空気による浮力効果により、水面と表面の接触面積は極めて小さくなる。塵《ちり》などが葉の表面にあれば、葉より水との親和性が高いために取り除かれてしまう。このような葉の表面の突起構造などにより、紫外線の反射率が高くなっているのだろう。

　フクジュソウは春先に雪の間に花を開くので、雪の反射による紫外線量が多いためか、黄色い花びらがかなり紫外線を吸収する。また吸収された紫外線は、より波長の長い赤外線となるので、紫外線吸収により、花の中心部が温まり、虫が集まることも考えられる。

## 4 サボテンの花は紫外線吸収率が高い

砂漠に生えるサボテンは、暑い乾燥した環境に適応した形に変化した。乾燥に耐えるように水分を蓄える多肉質の茎になり、葉は棘に変化した。棘は外敵から身を守る役割だけになり、光合成は肥大した茎で行っている。日中に気孔を開けて二酸化炭素を取り入れると水分を失ってしまうために、夜間に気孔から取り入れ、リンゴ酸に変えて液胞に貯《た》めている。昼間は気孔を閉じたままでリンゴ酸からピルビン酸と二酸化炭素を生成し、その二酸化炭素を光合成に利用する。このようにサボテンは乾燥に耐えるように形態・生理的に適応した。

それだけではなかった。紫外線写真を撮ると、多くのサボテンの花は紫外線を非常に強く吸収する。花は薄いピンクや黄色、白色などが多い。乾燥地帯の強い日光に含まれる紫外線に対する適応であろう。花は植物にとって大事な生殖器である。花の周辺の棘の根元付近にある白色部は紫外線を反射する。花はほとんど紫外線反射がないために、それが昆虫にとってアピールになっている可能性もある。

サボテン科の植物は、アントシアニンは持たず、ベタレインが色素成分になっている。ベタレインは、一部の植物に偏って見られる色素であり、紫外線吸収はそれほど強くない。サボテンは、ベタレインにより、赤色や黄色など鮮やかな花の色を発現している。ベタレインはアン

**4-1** サボテン（*Coryphantha greenwoodi*）
**4-2** 紫外線写真（花全体が紫外線を強く吸収している）

**4-3** サボテン（*Ariocarpus scaphirostris*）
**4-4** 紫外線写真（花の色に関わりなく多くのサボテンの花は紫外線を吸収する）

トシアニンと同様に液胞の中に溶けている。また白い花も強く紫外線吸収している。これらのことから、花にはフラボノイドが含まれ、それによって強い紫外線吸収が行われていると考えられる。まさにサボテンは乾燥と強い紫外線に適応した植物といえる。

## 5 若葉を赤くし、紫外線から身を守る

野山に生えているパイオニア植物（日当たりのよい場所に真っ先に侵入してくる植物）アカメガシワは、名前のとおり芽や若葉が赤い色をしている。赤い色はアントシアニンであることが知られている。紫外線写真では、広がった緑色の葉とあまり変わらない紫外線吸収量である。この赤い葉の表面を手でこすると赤色の部分は剝《は》がれて、やや薄い緑色の葉の表面が現れる。色が薄いのはまだクロロフィルが十分につくられていないからである。大根の白い部分に光が当たると、クロロフィルができて緑色に変化する。ジャガイモも光が当たった部分は緑色に変色する。葉に含まれるクロロフィルも光が当たって初めて合成されるが、その光の中には紫外線が含まれている。紫外線により、植物体内に活性酸素が生じて酸化障害を引き起こしてしまう。そのためこのアカメガシワの赤色は、アントシアニンで葉表面を覆って、クロロフィルが完全に合成されるまで、守っている。光合成をするクロロフィルや補助的な役割を果たすカロテノイドは葉緑体に含まれるのに対して、アントシアニンは液胞に含まれるので紫外線を吸収しても害にならない。

生け垣でよく利用されているベニカナメモチも若葉が赤い。この葉はアカメガシワと違い、こすっても色は変わらない。含まれるアントシアニン量の違いのためか、濃い赤色で紫外線吸

**5-1** アカメガシワ
**5-2** 紫外線写真（赤色の葉の紫外線吸収量は緑色の葉とほぼ同じである）

**5-3** ベニカナメモチ
**5-4** 紫外線写真（赤色の葉は緑色の葉より紫外線吸収量が多い）

収量も緑色の葉より多い。

　このような化学的戦略に対して、生態的な戦略も考えられる。若葉は毒性分が少なく、毛虫などがつきやすい。しかし、赤色だと毛虫が目立ち、鳥などに捕食されやすいという指摘もある。

## 6 若葉が強く紫外線を反射し、身を守る

畑や田の周りなどに見られるアカザの若葉は紅紫色である。紫外線写真では、その赤色の部分に反射が見られた。同じような場所に生えている同じアカザ科のシロザは、若葉が白くなっている。紫外線写真はアカザと同様に反射が見られた。アカザの赤色の部分、シロザの白い部分をこすると、その色が取れてしまう。

持ち帰って顕微鏡で覗いて見ると、アカザの色のついた部分は、赤色の水を貯め込んだやや大きい球状の細胞が密集している。シロザは黄緑がかった球状の細胞が見られる。いずれもアントシアニンを持たず、ベタレイン色素を持っている。この色は液胞の中に含まれているベタレインによる。このベタレインの紫外線吸収率はあまり強くなく、細胞の隙間に含まれる空気によって、紫外線が反射したのだろう。これらの細胞が若葉の表面につくことによって、紫外線を反射し、直接若葉に当たる紫外線量を減らして中の細胞を守っている。

たとえれば、アカザとシロザは白い傘、アカメガシワとベニカナメモチは黒い傘をさして紫外線から身を守っていることになる。白い日傘と黒い日傘では紫外線のカットのしかたが異なる。白い日傘は全ての可視光線を反射すると同様に、紫外線を反射するが、中に透過してくる紫外線もある。黒い日傘は光を吸収するから黒く見える。同様に紫外線も吸収される。吸収さ

**6-1** アカザ（右）とシロザ（左）
**6-2** 紫外線写真（シロザとアカザの白と赤い若葉は、どちらも紫外線を反射する）

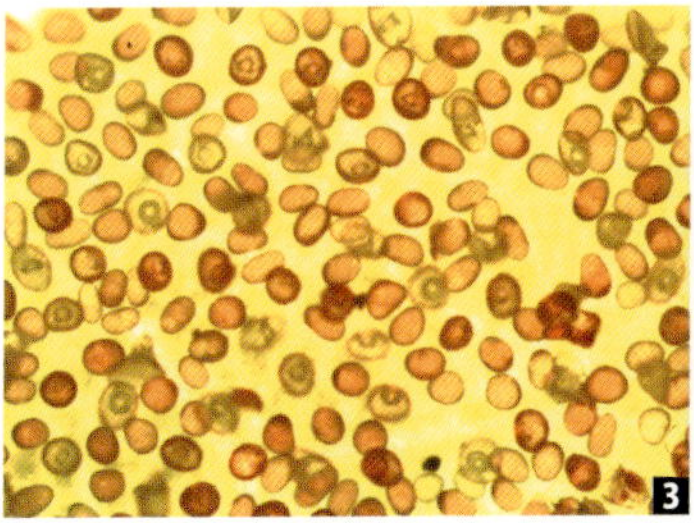

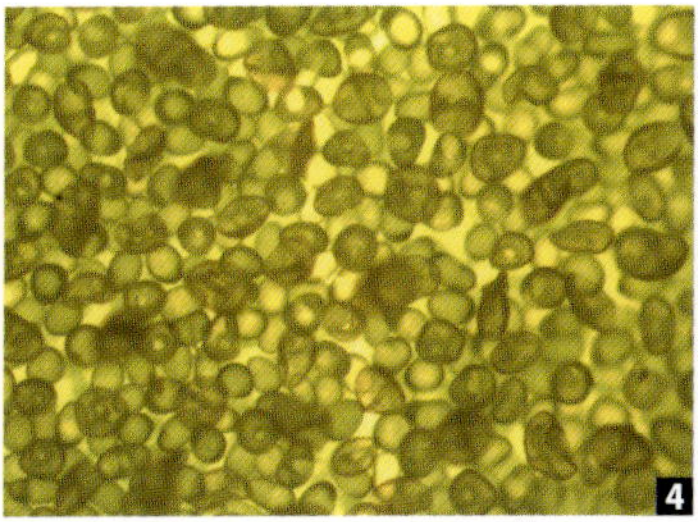

**6-3** アカザの顕微鏡写真（液胞の中に赤いベタレインを含んでいる）
**6-4** シロザの顕微鏡写真（液胞の中にかすかに黄緑色がかったベタレインを含む）

れた可視光線や紫外線は、より波長の長い赤外線（熱）となって放出される。

## 7 花の道から離れたパンジー、ペチュニア

多くの花の紫外線写真を撮影してきて、わかったのは次のことである。「白色の花はフラボノイドの色素により、比較的紫外線を吸収する花が多い。多くの黄色の花は紫外線を反射する。園芸品種で同じ個体の花びらの色が異なっても紫外線反射量はそれほど変わらない」

だが、パンジーを撮影して驚いた。魚眼レンズで、満開のサクラとともに撮影すると、パンジーの白い花は強く紫外線を反射している。パンジーの黄色の花は紫外線吸収が大きい。淡青や赤紫色の花も紫外線を吸収する。白色の花以外は全て紫外線を吸収するのかと思ったら、同じ個体の花びら内の淡紫色が強く紫外線を反射する。いずれの花でも淡紫色の花びらは紫外線を反射した。また白い花びらでも紫外線を強く吸収するものも見られた。

パンジーは元々は北ヨーロッパ原産の数種類のスミレを掛け合わせてできたもので、非常に多くの品種がつくられている。パンジーの花びらの色はカロテノイド、アントシアニンが関わっている。しかしこのように紫外線吸収度が高いのは、360nmに吸収ピークがあるフラボノイドが大きな役割を果たしているからだと思われる。またこのフラボノイドはアントシアニンと結びつくと、その色を強調する補助色素になる。品種改良を繰り返した結果、これらの色素が複雑に関わって現在のパンジーがある。花はカラフルな色で虫を誘い、自身を守るために紫

7-1 サクラとパンジー
7-2 紫外線写真（魚眼レンズで見るといろいろな花の紫外線吸収度が一目でわかる）

7-3 パンジー
7-4 紫外線写真（上の7-2の写真の白い花のパンジーは紫外線を反射しているが、この白い花びらは紫外線を吸収している）

外線を吸収する色素を花びらに含んでいる。園芸品種として改良されたパンジーは人の観賞のために自然にはない色の組み合わせが重宝されて、本来の花の道には見られない紫外色を示す。

パンジーを訪れる虫はミツバチやハナアブなどであるが、ミツバチは嗅覚も優れており、パンジーの花を見つけるのに一役かっていると思われる。

パンジーで驚いていたら、ナス科の園芸品種ペチュニアの紫外線写真で面白い現象が見つかった。白い花は中心部だけが紫外線を吸収するもの

**7-5** ペチュニア
**7-6** 紫外線写真（他の色の色素で囲まれた内側の白色は紫外線を吸収する。雨降りの後の撮影で紫外線吸収部には水滴による若干の反射が見られる）

から花全体が紫外線を吸収するものまで、また紫外線吸収部のパターンもいろいろで、撮影してみないとわからない。しかし他の色の色素で囲まれた内側の白色の部分は全て紫外線を吸収し、外側の部分の白色部分は反射する。いずれも極めて強い紫外線吸収と反射が見られる。撮影したのは薄い赤系統のペチュニアで、含まれる色素はアントシアニンであり、さらにフラボノイドを含んでいると思われる。白色の紫外線反射が強い部分はフラボノイドが含まれず、紫外線吸収している部分はフラボノイドが含まれているのだろう。

## 8 カタツムリの殻も紫外線を防ぐのに役立っている？

4億年前にオゾン層ができて太陽から地上に降り注ぐ紫外線が少なくなり、海から陸へと生物の進出が可能になった。陸に上がった巻き貝のうち、殻が細長くないものを通称カタツムリという。巻き貝は鰓《えら》呼吸であるが、カタツムリは肺を持ち、肺呼吸をする。殻が退化してなくなったものがナメクジである。カタツムリは背中の内臓の上を覆っている外套膜《がいとうまく》から炭酸カルシウムを分泌して貝殻をつくる。この炭酸カルシウムは紫外線・可視光線を透過させる性質があり、紫外線防御には役立たない。紫外線防御が十分ではないので、紫外線を避けて行動している。殻を持つことの有利な点は乾燥から身を守ることと外敵からの防御である。分泌した粘液で殻の入り口に膜を張って乾燥に耐える。いっぽうナメクジは殻をつくるエネルギーを体の成長に回せるため早く成長し、殻がないため隙間にも入り込むことができる。

日本に生息するカタツムリは800種類ほどであるが、ほとんど茶系の色素を持っている。この茶系の色素はやや紫外線を吸収する。白色の部分は紫外線を反射する。殻に含まれる色素によって紫外線に対して少しは防御に役立っているようである。カタツムリの粘液を成分とした紫外線防御のクリームが販売されているが、写真からわかるように、カタツムリの体は粘液による紫外線吸収があまり見られない。皮膚の保水には役立つかもしれないが、紫外線防御に

**8-1** ミスジマイマイ
**8-2** 紫外線写真（殻の部分には色素が含まれやや紫外線吸収する）

**8-3** 毛を持つオオケマイマイ
**8-4** ボルネオのカラフルなカタツムリ

は役立たないようである。カタツムリは粘液の成分で、傷を補修・再生している。

なかにはオオケマイマイのように殻に毛が生えているカタツムリもいる。カタツムリは微細構造により汚れがつかない殻を持つようになったが、毛を生やすことにより汚れがつき擬態や紫外線防御に役立っている可能性がある。

熱帯地方には日本と同様な暗い色のカタツムリも生息しているが、カラフルなカタツムリも見られる。カラフルなカタツムリは殻の表面側の層に色がついている。カタツムリは雌雄同体で、1匹の体の中に雄と雌の機能を持っている。自家受精する場合があるが、多くは他の個体と交尾する。大触角の先にある目は明暗を感じとる程度で色は見分けられない。したがって、このカラフルな殻の色は求愛のための色ではない。これは紫外線に対する適応ではないか。多くの色素量によって紫外線を吸収・反射し体の内部に有害な紫外線が届かないようにしている。熱帯で生活するカラフルな明るい色のカタツムリは日光や紫外線を反射し、オーバーヒートを防いでいる。

## 9 甲殻類の外骨格は紫外線防御に一役

甲殻類は昆虫と同様に、主成分が多糖類からできているキチンの外骨格を持っている。さらに甲殻類はキチンにカルシウム塩（炭酸カルシウム）が多量に沈着している。海中で生活していたときは海水中に多量に含まれるカルシウム塩を利用してきた。しかし、淡水中や陸上にはカルシウム塩が少ない。ザリガニは脱皮が近づくと胃の中にカルシウムを胃石《いせき》として蓄える。脱皮後には脱皮殻も食べ、胃石を溶かしてカルシウムを補い、殻は元のように固くなる。都市部に見られるオカダンゴムシはコンクリートからカルシウムを得ている。ダンゴムシもワラジムシも陸に上がった甲殻類である。いずれも体の半分ずつ脱皮し、その白い脱皮殻を食べて、カルシウムを再利用している。

アメリカザリガニは紫外線をかなり吸収する。ザリガニの殻に含まれる色素はカロテノイドで、タンパク質と結びついた状態で青・赤・紫色の3色が存在する。色が薄いところは紫外線吸収が少ないことから、この色素が紫外線を吸収していると思われる。またカロテノイドは食べ物由来なので、カロテノイドを含まない餌だけではうまく発色しない。

いっぽうオカダンゴムシは別の色素（オモクローム）によって発色している。雄は体が一様に暗灰色であるが、雌は背中に黄色い紋が見られる。これは雄に比べて雌のほうが黒い色の色

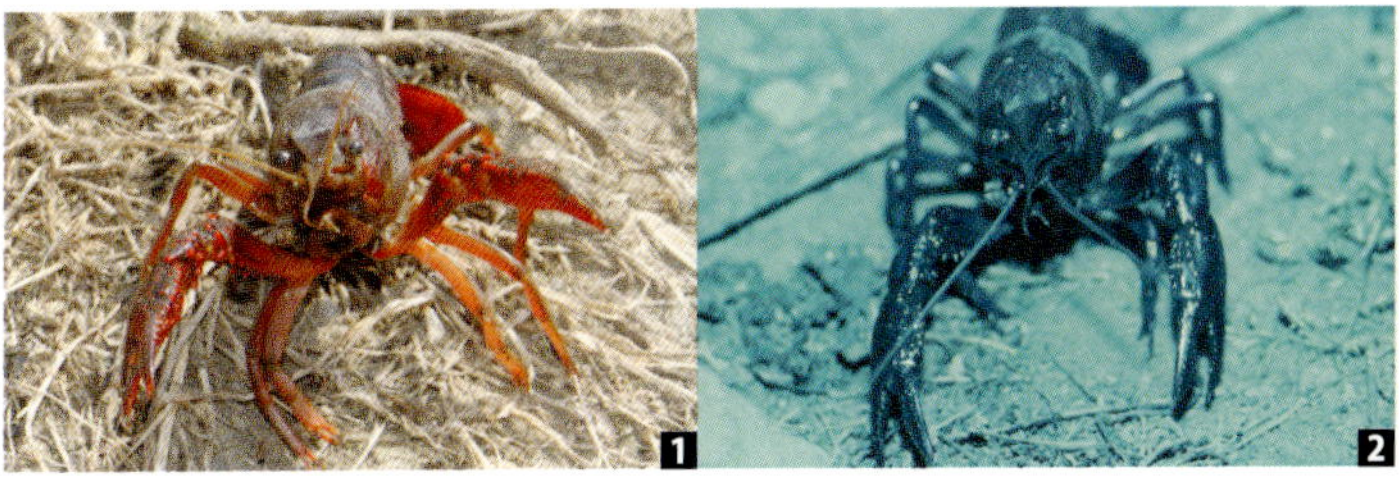

**9-1** アメリカザリガニ
**9-2** 紫外線写真（殻に含まれるカロテノイドによる紫外線吸収が見られる）

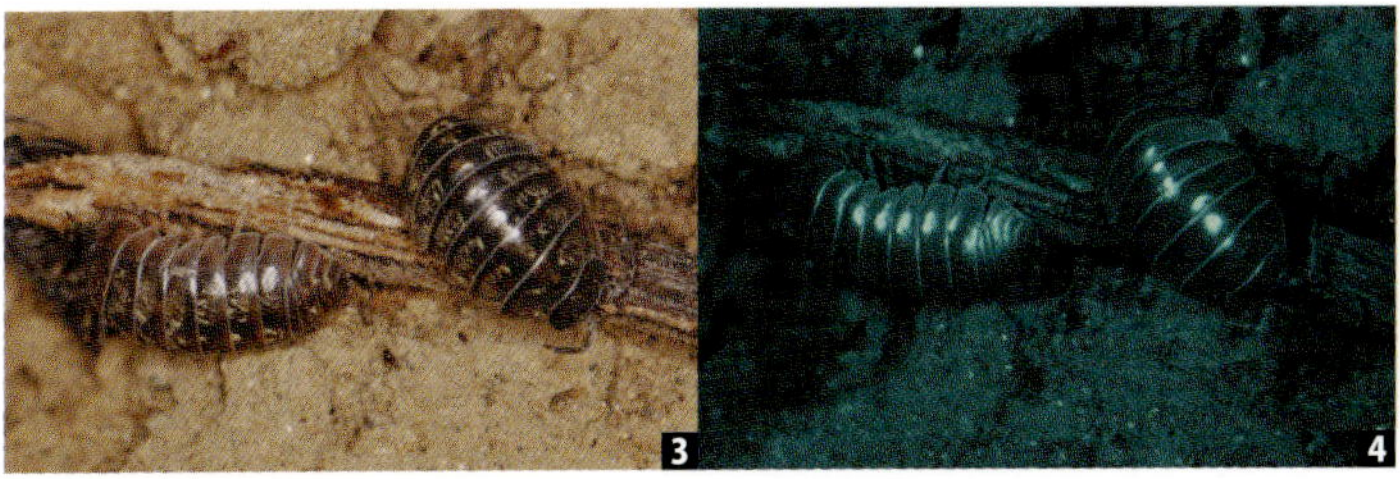

**9-3** オカダンゴムシの雌
**9-4** 紫外線写真（オモクローム色素による紫外線吸収が見られる）

素であるオモクロームが少ないからだといわれている。稀《まれ》に色素を持たない白色のオカダンゴムシも見られる。乾燥に弱く、暗く湿った場所に生息しており、乾燥を防ぐために、体を丸めて水分の発散を防ぐ。

　甲殻類は硬い殻を持つため、脱皮をして成長する。脱皮直後には色素を持たないが、すぐに色素がつくられ、種特有の色になる。その殻の中に含まれる色素は紫外線を吸収し、紫外線防御に役立っている。

## 10 シオカラトンボのシオカラ色

コシアキトンボの雌や若い雄の腰は黄色であるが、成熟すると雄は純白になる。これが「腰空き」の名前の由来である。この純白の部分はかなり紫外線を吸収する。体の黒色と白色の紫外線吸収の差はあまり見られない。トンボにとってはこの部分は薄い紫外色の単色で見えている。雄同士の縄張り争いには、雄が成熟したことを示すこの紫外色が大きく関わっているだろう。

交尾は空中で行い、一瞬のうちで終わる。コシアキトンボは常に飛び回っているトンボで、日中はあまり枝先にとまらない。飛び回っているトンボはとまる場合、ぶら下がってとまる。飛ぶための筋肉が発達し、とまるほうへの割り当てが少ないためと考えられている。このようなとまり方を、ぶら下がり型という。

シオカラトンボは別名ムギワラトンボともいわれ、雌と若い雄は麦わら色である。雄は成熟すると腰に白粉を吹き、腹が塩を吹いたように白くなるので、シオカラトンボと名付けられた。シオカラトンボの成熟した雄の腰の白い部分は紫外線を強く反射する。雌の腹部下面はやや反射する。シオカラトンボの雄は日中に雌が産卵に来そうな水辺で見かける。ただコシアキトンボとは違って、縄張り内のほぼ決まった枝先などにとまって、時々近くを飛んでまた戻ってく

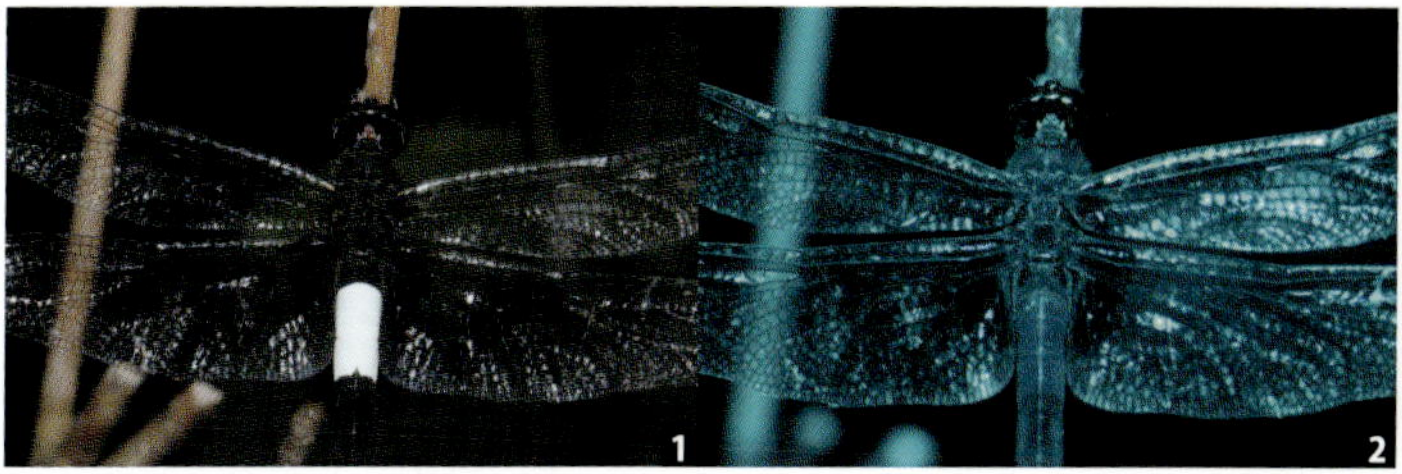


**10-1** コシアキトンボの雄
**10-2** 紫外線写真（腰の白い部分は紫外線を吸収している）

**10-3** シオカラトンボの雄
**10-4** 紫外線写真（白粉を吹いている部分は強く紫外線を反射する）

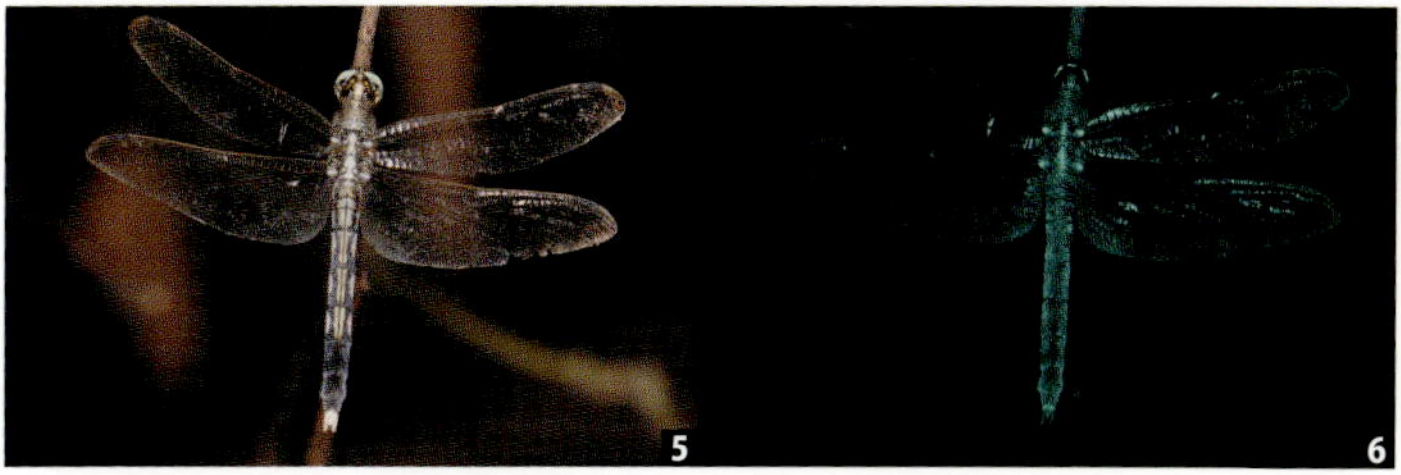


**10-5** シオカラトンボの雌
**10-6** 紫外線写真（雄と異なり紫外線はあまり反射しない）

る。とまっている時間の長いトンボは平らにとまる、うつぶせ型といわれるとまり方をする。

日中は多くのトンボは体温の上昇を抑えるため、木陰で休んでいる。しかし、縄張り争いでは先に占有していたシオカラトンボのほうが侵入者に対しては優位であるため、日なたでも縄張りを守らねばならない。さらに交尾後も、雌が産卵するときは雄が上から守っている。そのため、白粉を吹き、強く紫外線反射し可視光線を反射することは、日差しの強いところで縄張りを守る雄にとって、紫外線防御だけでなく、体温が上がるのを防いでいると思われる。同じようにオオシオカラトンボやハラビロトンボも同様に雄の粉を吹いた青白い部分は紫外線を強く反射する。雄の縄張り争いの際も、また同種であるという認識にも、紫外線の反射が大きな役割を果たしていると思われる。

視覚が発達しているトンボの模様や色彩はいろいろであるが、その色素についてはまだほとんどわかっていない。

## 11 両生類の卵塊と紫外線

モリアオガエルは森林に生息する樹上性のカエルで、5月から6月にかけて池などの水面上の樹木の枝先に白い泡の卵塊を産み付ける。1匹の雌に対して多くの雄が粘液と尿をかき混ぜて泡立てる。この泡の機能についてはいくつかの研究があり、乾燥からの保護、天敵からの保護、幼生の餌、発生に適した温度環境の維持、卵の呼吸のための酸素の供給などが報告されているが、紫外線からの防御について触れた研究はない。紫外線写真を撮影すると、新しい卵塊は白くて、強く紫外線を反射する。卵塊の白い色は中にある小さな空気による散乱による。時間がたつと表面の部分は乾いて硬くなり、黄色みを帯びてやや紫外線を吸収するようになる。しかし、卵塊の中にある卵は紫外線防御のメラニンをつくらず、黄色がかった白色である。卵塊の泡の中の卵には紫外線は到達しないと推定できる。湿り気が十分にある泡の中で卵からオタマジャクシまで育ち、下の池や水たまりに落ちて成長する。

やや小型のシュレーゲルアオガエルは周辺に林がある水田の畦《あぜ》の穴の中に白い卵塊を産むが、中の卵はやはり黄色がかった白色である。卵塊の泡は紫外線を完全に反射して中の卵を守っている。

トウキョウサンショウウオは関東地方に生息しているサンショウウオで、2〜3月頃に水田

**11-1** モリアオガエルの卵塊
**11-2** 紫外線写真（卵塊を含む白い泡は強く紫外線を反射する）

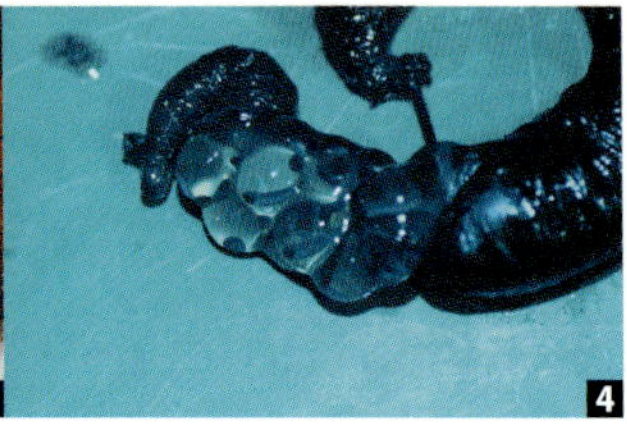

**11-3** トウキョウサンショウウオの卵塊
**11-4** 紫外線写真（茶色を帯びた膜は紫外線を吸収し、胚を紫外線から守っている）

脇の浅い水たまりに産卵する。100個ほどの卵はバナナ型をした膜で包まれている。このやや茶色を帯びた膜は丈夫で乾燥にも強い。この膜を破ったところと比較してみると、膜が紫外線をかなり吸収している。しかし、卵の色が黒いことから、紫外線カットは十分でないことがわかる。

泡で包むことによって紫外線を防いでいるモリアオガエルやシュレーゲルアオガエルの卵は白い色をしている。水中に産むカエルの卵は黒い色をしている。この黒色は紫外線から体を守るために紫外線を吸収するメラニン色素による。泡のある卵塊は紫外線を反射して卵を守り、トウキョウサンショウウオは卵塊を包む褐色の色素で紫外線を吸収して卵を守ると同時に卵も黒くして紫外線から守っている。

## 12 オタマジャクシの色は紫外線防御率を示す

近年、地球上至るところでカエルが減少していることが報告されている。原因としてツボカビの寄生や寄生虫、オゾン層の破壊による紫外線の増加などがあげられる。近紫外線は、UVA（315〜380nm）、UVB（280〜315nm）、UVC（200〜280nm）に分類されている。そのうちUVCは地上には達しない。UVAとUVBは太陽由来のそれぞれ5・6%、0・5%が大気を通過する。オゾン層の破壊による影響が大きいのは、UVBの増加である。

UVBをオタマジャクシに照射すると、生存率が減少するという実験の報告が多く発表されている。それらのUVBに対する抵抗を見ると、カジカガエル＞ニホンアマガエル＞ウシガエル＞アフリカツメガエルの順（小山西高校、1999）となっている。オタマジャクシの色を見ると抵抗の強いものは色が黒くなっている。それぞれに含まれるメラニン色素の量に関係している。これらの生息環境を見るとカジカガエルは清流のきれいな川に、ウシガエルは透明度の低い池に生息している。濁っていたり隠れる場所があれば紫外線量は少なくなるし、必要以上の量のメラニンをつくらないだろう。オタマジャクシのメラニン量はそれぞれの生息環境で浴びる紫外線量に適応した量といえる。

UVBの照射実験では変態後のカエルはオタマジャクシほど大きな影響を受けていない。水

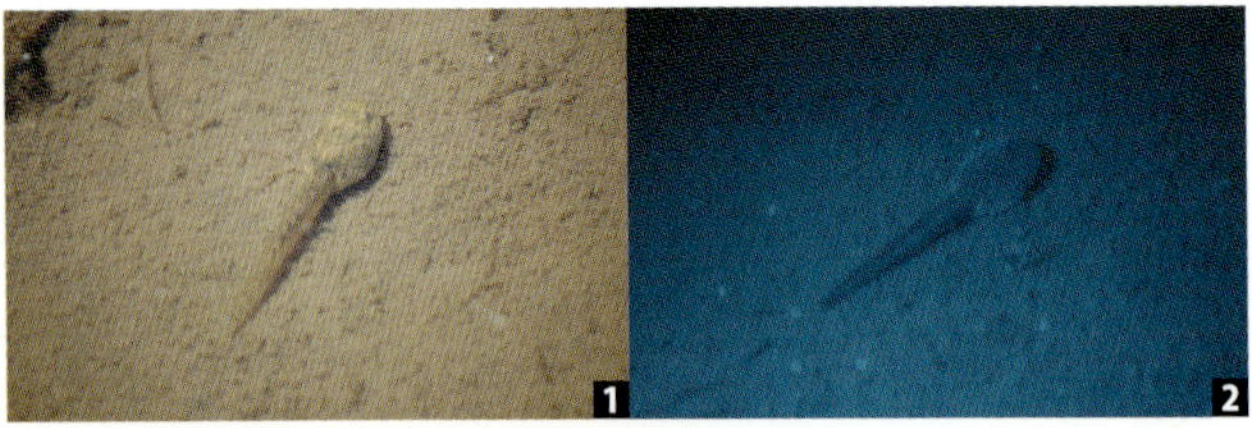


**12-1** ニホンアカガエルのオタマジャクシ
**12-2** 紫外線写真（オタマジャクシの体色は当たる紫外線量と関わりがある）

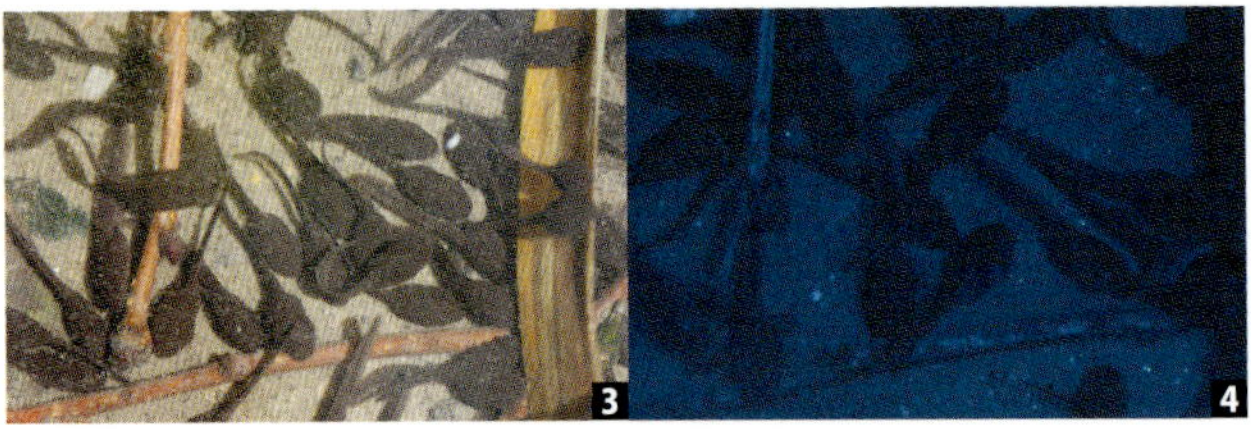


**12-3** アズマヒキガエルのオタマジャクシ
**12-4** 紫外線写真（メラニンを多く含み紫外線吸収が強い）

中から陸上へ進出した生物は紫外線に対して防御方法を身につけていったと考えられる。

　モリアオガエルやシュレーゲルアオガエルを紫外線が含まれていない蛍光灯でオタマジャクシから飼育し、カエルにすると薄い青緑色になるという。自然状態では、日光を浴びて艶やかな青緑色となる。紫外線が当たると、その防御のために色素がつくられ、艶やかな青緑色になると考えられる。これは同じ植物でも標高が高くなると花が艶やかになる現象と似通っている。

## 13 アルビノは、紫外線によるダメージが大きい

静岡県の掛川《かけがわ》市にある花鳥園で、アルビノと思われるオシドリが生まれた。アルビノはメラニンを合成する遺伝子情報の欠損によりメラニンがつくられず、白化現象が起こる。飼育下では近縁の交雑により突然変異体の現れる確率が高くなる。鳥類と哺乳類が体内でつくれる色素物質はメラニン（ユーメラニンとフェオメラニン）だけである。鳥のカラフルな色彩は餌から取り入れるカロテノイドを蓄積することと、羽のナノ構造によって発色される構造色による。

ところでこの白いオシドリをよく見ると、羽は全て白いが、目が赤くない。また嘴の基部は赤みがかっている。このことから、このオシドリはアルビノではなく、色素が減少した白変種であることがわかる。白変種とアルビノの違いは目を見るとわかる。アルビノはメラニン色素が合成されず、毛細血管が透けて見えるため赤色となる。そのためアルビノは虹彩で眼球に入り込む光の量が調節できず、多量の光が入り込むため、視覚障害を起こす。視覚を中心に生活をしている鳥のアルビノは自然界ではほとんど見られない。

様々なグループの動物に白変種が出現する。体全体が白化するもの、部分的に白化するものなど白化の程度はいろいろである。白変種のメラニン形成は正常に行われ、目のメラニンは発生学的に体のメラニン合成とは異なるので、瞳孔《どうこう》は黒くなる。白化はかつて氷河期には保護色

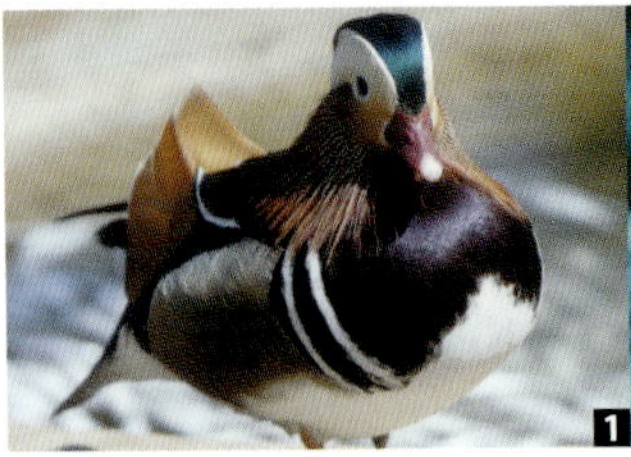

**13-1** オシドリの雄
**13-2** 紫外線写真（構造色で発色している色も紫外線吸収が見られる）

**13-3** オシドリの白変種
**13-4** 紫外線写真（体の色はメラニンと構造色であり、嘴の根元にはカロテノイドによる紫外線吸収がやや見られる）

となるので有利であった。そのため、白変種を引き起こす遺伝子は長年厳しい生存競争を生き延びてきた生物に受け継がれてきたと考えられている。

このオシドリの羽部分にはメラニンが行き渡らずに白くなった。ということは鳥の構造色の発現にはメラニンが必要であることを意味する。メラニンが裏打ちとなって必要でない光を吸収することで構造色が発色する。また嘴の基部の赤みがかった色は紫外線を少し吸収している。食べ物由来のカロテノイドであることがわかる。

# 終章　紫外線写真から見える生存戦略

上：ハシブトガラス　下：紫外色で個体識別

紫外色の利用方法は生物によって様々である。紫外線を反射するサルや紫外線による模様で個体を識別している生物がいた。紫外線写真で思いもよらない動物の世界を見ていこう。

## 1 アブラゼミの羽化からの体色変化

アブラゼミの発生について、ナシ園で調査したことがある。アブラゼミは柔らかいナシの老木の樹皮の下に産卵するが、若木の樹皮は堅く産卵しない。産卵後、翌年6月から7月下旬にかけて孵化して、1齢《れい》幼虫となり地面に落下する。地面に入るまで、地上でアリなどに襲われるものも多い。12月にナシの木の根元に１ｍ四方の穴を掘り、幼虫の分布を調べた。幼虫はほぼ齢と関係なく深さ60〜80㎝に見られ、5齢幼虫まで確認できた。その場所でナシの木の根から栄養分を吸って過ごす。アブラゼミは5〜6年目で地上に這いだして羽化する。8月6日以降に1本のナシの木から４４０個体が発生し、最初は雄が、後半は雌が発生した。

アブラゼミの羽化を観察すると、羽化直後は体液の淡い緑色が透けて見えるが、白い体色の翅は硬化し、徐々にメラニン色素が合成されていく。節足動物である昆虫は、外骨格を脱ぎ捨てて脱皮して成長する。そのたびに外骨格中の色素も捨てられるために、新たに色素を合成しなければならない。アブラゼミは羽化直後から、体に色素が合成されるまで、紫外線写真で特に目立つ場所がある。前胸部の対になっている場所が紫外線を強く吸収する。いち早くこの色素を合成していることから、この蓄積している色素が何か大きな意味を持っていると推定される。この色素は紫外線を強く吸収しているのでメラニン色素と思われる。翅の硬化と色素合成には

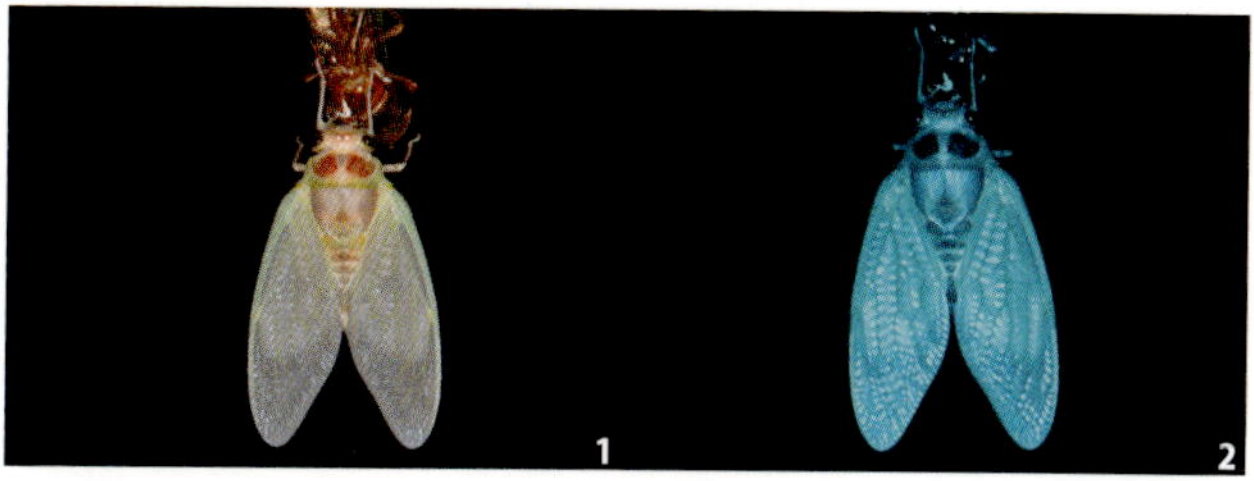

**1-1** アブラゼミの羽化
**1-2** 紫外線写真（前胸部の対の部分に強い紫外線吸収が見られる）

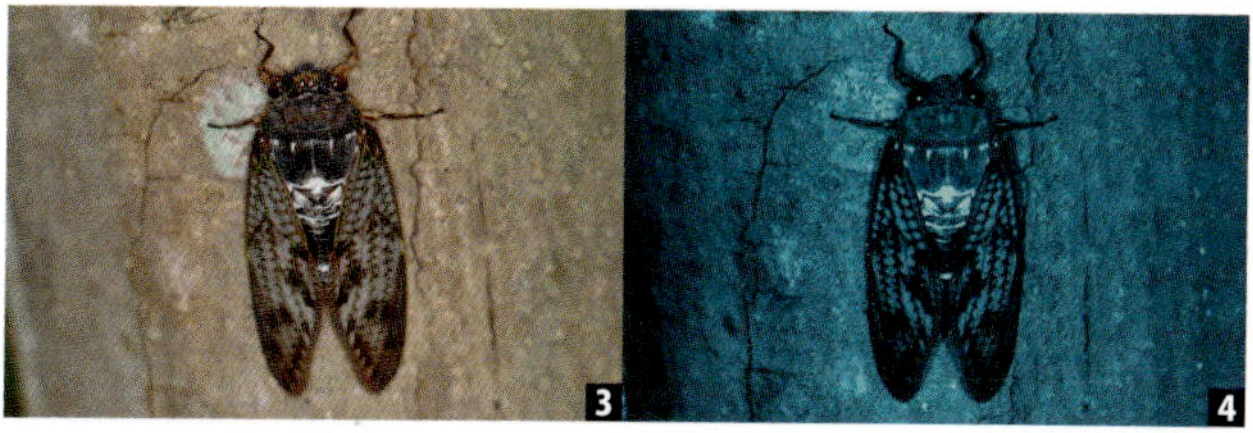

**1-3** アブラゼミの成虫
**1-4** 紫外線写真（翅の硬化後は腹部の白粉部分以外はメラニンによる紫外線吸収が見られる）

ラッカーゼという酵素が関わっていることが報告されている（朝野維起、2013）。血液によって運ばれてきたこの酵素によって、翅が硬化しメラニン色素がつくられ暗褐色の翅へと変化する。紫外線を吸収した前胸部でこの酵素がつくられている可能性がある。

　アブラゼミには複眼が2つと単眼が3つある。羽化直後と飛び回っているアブラゼミのいずれの複眼も紫外線を吸収しているが、3つの単眼はそうでもない。含まれる視物質（光受容体）が異なっているからである。単眼は光を感知し、セミの鳴く時間帯を決めている。

## 2 甲虫の構造色は紫外線を反射するか

タマムシは美しい甲虫で、体表は全て緑色の金属光沢があり、前胸部から前翅先端まで縦に2本の赤褐色の筋がある。腹部下面も中央部に赤褐色の筋があるが、角度を変えてみると青みがかった色に変化する。このタマムシの色はナノ構造による構造色による。タマムシの表面を覆っている硬い部分をクチクラといい、そのクチクラが18層ほど重なっている。その繰り返している層状構造を多層膜構造という。その各層の厚さが光の波長の半分程度なので、反射した光が組み合わさって強め合ったり弱め合っている。それがいろいろな色に光って見える。

構造色を持つタマムシ、ハンミョウ、ハナムグリを撮影したが、いずれも紫外線反射はあまり見られなかった。タマムシの多層膜構造、ハナムグリなどの螺旋《らせん》構造による構造色には短波長の紫外色はあまり含まれていない。ハンミョウの白い部分は紫外線を反射していることから、クチクラによる紫外線吸収ではなさそうだ。多くの甲虫類を撮影したが、今までのところ、強く紫外線反射するものに出会っていない。白色以外の色はいずれも紫外線反射は少ない。この白色は紫外色として虫は認識している。

色素は分解しやすいが、構造色による発色は構造が壊れない限り長く保たれる。タマムシの翅を使い飛鳥《あすか》時代に製作された玉虫厨子は現存最古の工芸品といわれている。タマムシは雌雄

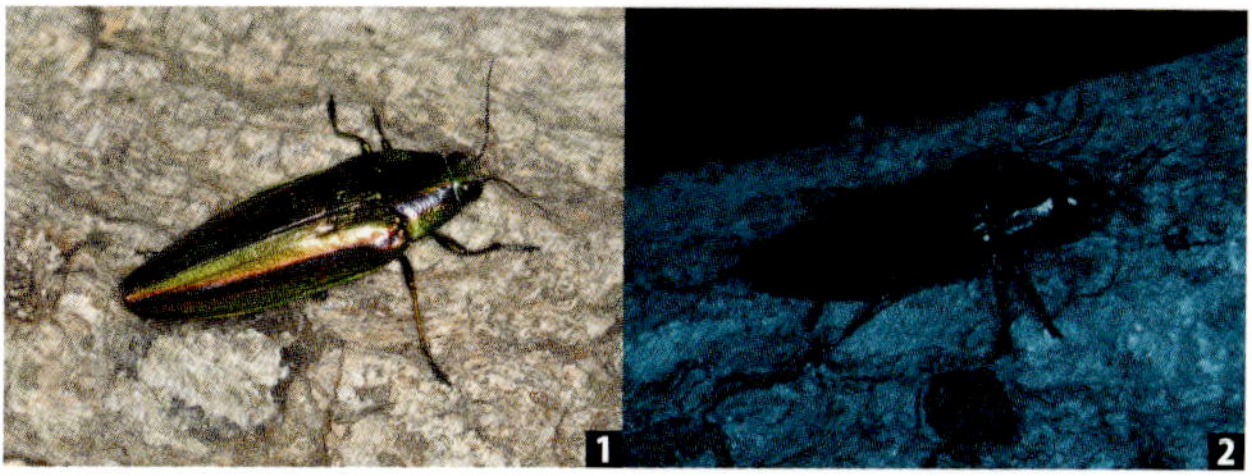


**2-1** タマムシ
**2-2** 紫外線写真（構造色で輝いている体全体が紫外線を吸収する）

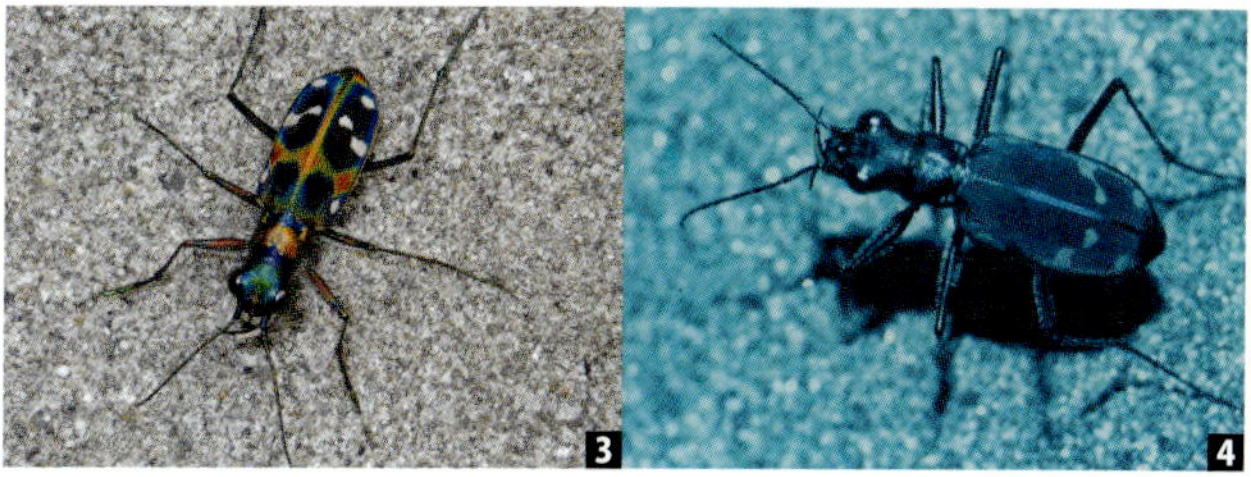


**2-3** ハンミョウ
**2-4** 紫外線写真（白斑以外は紫外線を吸収している）

とも同色であり、きらびやかな構造色は天敵である鳥の目を眩《くら》ませるのに役立っていると思われる。しかし、紫外線吸収度の差があまりないことから、紫外線はタマムシの発色にあまり関わっていないと推定できる。

## 3 紫外線で仲間の顔を見分けるスズメダイ

サンゴ礁が広がる海では水が澄み、色とりどりの魚が群れて泳いでいる。そんな低緯度地方の海は紫外線が強く、サンゴも魚も紫外線から身を守る物質を持っている。それらの物質を使って日焼け止めパウダーなども開発されている。身を守るだけでなく、以前からサンゴ礁にすむ魚はその紫外線を利用して仲間同士のコミュニケーションに役立てているといわれていた。

*National Geographic* ニュースに「スズメダイが仲間の顔を見分けると判明、豪研究」という見出しで、ニセネッタイスズメダイの顔の紫外線写真が4個体示されていた。紫外線を反射して見える模様は、我々には見えないがニセネッタイスズメダイには見える。この模様は個体ごとに異なり、それを識別しているという。オーストラリアのシーベックらの研究で明らかにされ、同じ種だけでなく、よく似た別種のネッタイスズメダイの顔も識別できるという。

ニセネッタイスズメダイとネッタイスズメダイはいずれも浅いサンゴ礁で小さな群れで生活しており、体色は黄色でよく似ている。ニセネッタイスズメダイはネッタイスズメダイをどのように見分けているのだろうか。早速ネッタイスズメダイを手に入れ、ガラス水槽の中に泳いでいる魚の紫外線写真を撮影した。当然ニセネッタイスズメダイと同様に紫外線反射の斑点が見えると思ったが、逆に紫外線を吸収した斑紋が現れた。ネッタイスズメダイとニセネッタイ

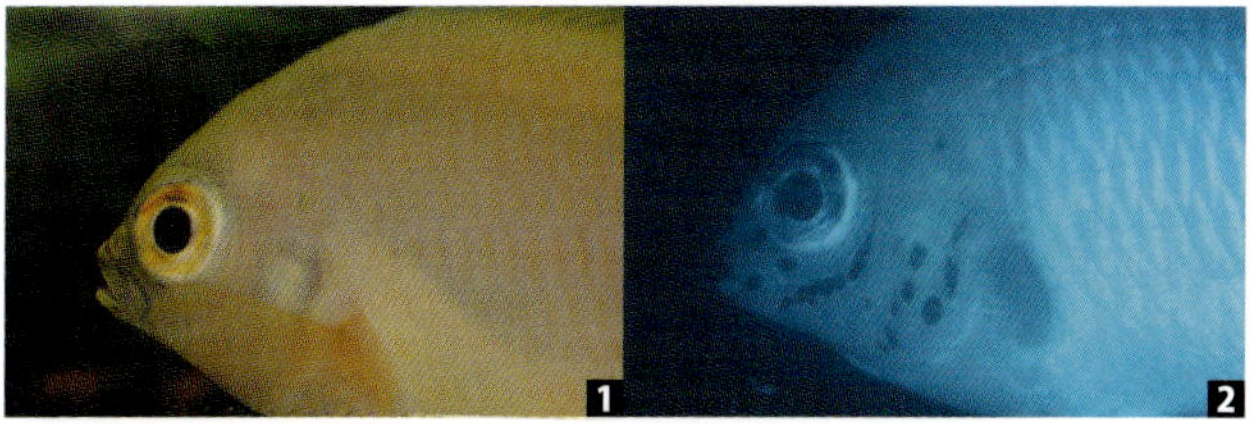


**3-1** ネッタイスズメダイ
**3-2** 紫外線写真（可視光線ではわからない斑紋が見られる）

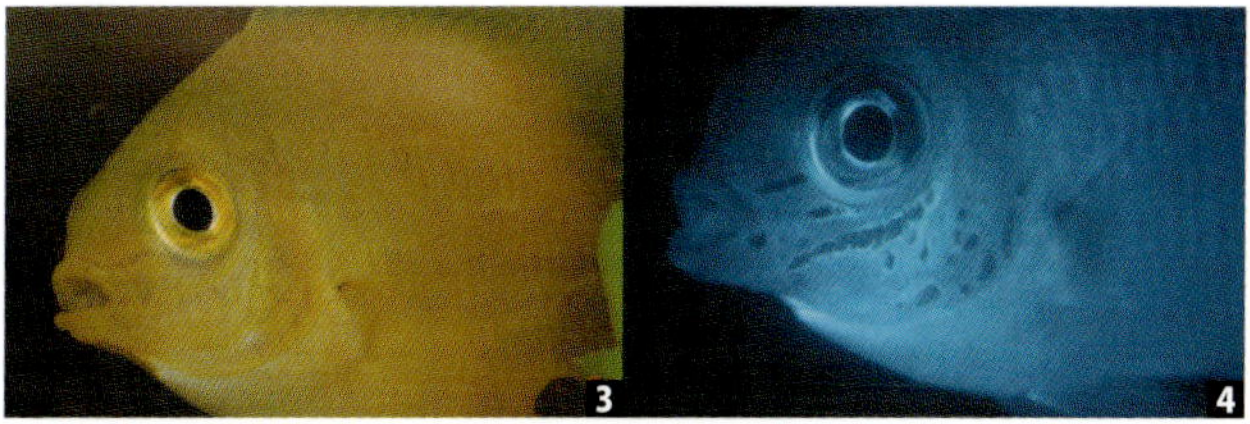


**3-3** 上とは別個体のネッタイスズメダイ
**3-4** 紫外線写真（個体によって斑紋の模様が異なる）

スズメダイは、出会ったときに斑紋が紫外線を吸収するか、反射するかで互いが別種であることを認識できるだろう。またネッタイスズメダイは個体により斑紋が異なることから、ニセネッタイスズメダイと同じように個体識別している可能性がある。飼育していた小さな水槽ではそれぞれがほぼ同じ場所で縄張りをつくった。紫外線写真では、肉眼ではほぼ黄色に見える部分に、紫外線を吸収する色素によってそれぞれ特徴的な斑紋が見える。紫外線が見えるネッタイスズメダイはその斑紋を見て、個体識別をして社会生活をしている。

**4-1** シチメンチョウ

## 4 シチメンチョウの七変化

シチメンチョウは頭から首にかけての色が劇的に赤から青、白に変化することから名前がつけられた。人間と同じく興奮すると赤くなると思ったが、逆であった。落ち着いているときは赤く、興奮すると青、白に変化する。頭が赤いときは紫外線を吸収し、青、白のときは紫外線を反射した。

シチメンチョウの生息地は北米で、そのアメリカでシチメンチョウの色の変化の研究が進められていた。シチメンチョウの色の変化はいずれも構造色で、血管の中に見られるコラーゲン細繊維束の幅が変化することで発色するという。穏やかなときはそれぞれのコラーゲン細繊維束が広がっており、赤い光を散乱する。興奮するとその幅が縮まり、青や白色の光を散乱する。その機能を模倣して、ある化学物質によって色が変わる装置の開発が進められている。このように生物から学ぶ「バイオミミクリー（生物模倣）」が世界中で進められている。生物の機能を模倣することで、

**4-2** 穏やかな状態
**4-3** 穏やかな状態の紫外線写真（興奮すると紫外線反射部分が広がる）

**4-4** 興奮したシチメンチョウ

新しい技術が生み出されている。

ついでながら、私たちの血管が青く見えるのは構造色ではない。青い光は波長が短く散乱し、赤い光は波長が長く他の光よりも深く血管まで届く。そこで血液中のヘモグロビンによって吸収されてしまう。赤色が吸収されてしまうため、周りの皮膚よりも青色が目立つという。

## 5 ホワイトタイガーの存在

トラはアジア特産の獣であり、様々な亜種がいるが全てがICUN（国際自然保護連合）のレッドリストに載っており、一部の亜種はすでに絶滅した。茂みを好み、縦縞のトラ模様は緑色が認識できない他の哺乳類に対してカモフラージュの役割を果たしている。主にシカやレイヨウ、イノシシなど草食獣を獲物としている。目の上の模様は個体により異なっている。毛の根元にあるメラニン細胞でメラニンを合成し、メラニン顆粒を送って毛の色としている。メラニンには2種類あり、ユーメラニンとフェオメラニンの量と割合により、白、黄、橙、茶、黒というバリエーションをつくっている。ユーメラニンは黒から褐色を、フェオメラニンは赤色から黄色の色を発現する。メラニンは肌、毛と目の色を決める色素である。アムールトラの紫外線写真では、含まれるメラニンの種類と量によって紫外線吸収度が異なっている。

ホワイトタイガーはインドで発見されたベンガルトラの白変種であり、現在は動物園で飼育されているだけである。紫外線写真では白い部分は紫外線を反射し、黒い部分は紫外線を吸収する。白い部分にはメラニンがなく、毛の中の空気によって白くなっている。哺乳類は紫外線が見えないので、白色と認識する。アムールトラと比較してみると、黒い部分はそのまま残り、茶系の部分が白色になっている。黒色は主にユーメラニン、茶系は主にフェオメラニンを含ん

**5-1** アムールトラ
**5-2** 紫外線写真（黄色と黒に関わりなくメラニンを含む部分が強く紫外線を吸収している）

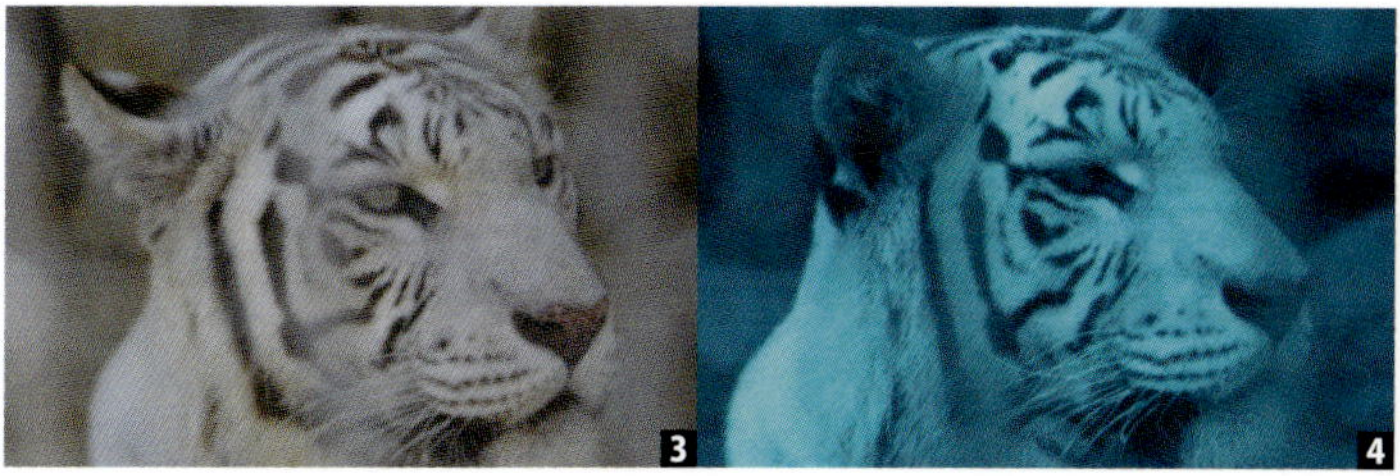

**5-3** ホワイトタイガー（ベンガルトラの白変種）
**5-4** 紫外線写真（黄色のフェオメラニンが欠けているのがわかる）

でいるので、主にフェオメラニン形成に阻害が生じたのだろう。北《ペ》京《キン》大学の研究チームが遺伝子解析を行い、SLC45A2と呼ばれる遺伝子の変異でフェオメラニンの合成が阻害され、ユーメラニンの合成にはほとんど影響がなくホワイトタイガーが産まれたと発表した。

## 6 紫外線反射の王者ヒクイドリ、マンドリル

鳥類で紫外線反射が最も強いのはヒクイドリである。オーストラリア北部、ニューギニアに生息しており、ダチョウについで2番目に大きい鳥である。大きいものでは体高2m、体重70kgになる。雌雄ともに体色はほぼ同じであるが、雌のほうが大きく、肌の露出部分はやや明るい色である。ヒクイドリの肌の水色・青紫色をしている露出部分は構造色で、紫外線反射が極めて強い。ヒクイドリは飛べない鳥で、雌雄ともに熱帯雨林の中で4km四方の縄張りを持ち、果実を主食としている。これだけ紫外線反射が強ければ、熱帯雨林の中でも目立ち、互いにすぐに気づくであろう。

鳥の色彩の豊かさは繁殖との関わりが最も大きい。この鳥は他の鳥と異なり雌が雄に求愛し、雄が子育てする。日本にも雌が美しく、雄が子育てするタマシギがいる。ヒクイドリは雌が雄より大きく紫外線反射部が広い。より紫外線反射が強く色彩豊かな頭部は、それだけよい食べ物を食べ長年生きたという証拠になり、雄にとっては魅力的なのだろう。

哺乳類で紫外線反射が強いのはマンドリルである。マンドリルはアフリカに生息するサルで、雄は真っ赤な鼻筋に鮮やかな水色の頬《ほお》をしている。いや顔だけでなくお尻も水色と赤色で飾っている。他の哺乳類は2種類の錐体細胞しか持たないが、アジア・アフリカにすむサルは3種

**6-1** ヒクイドリ
**6-2** 紫外線写真（頭部と胸部の紫外線反射が強い）

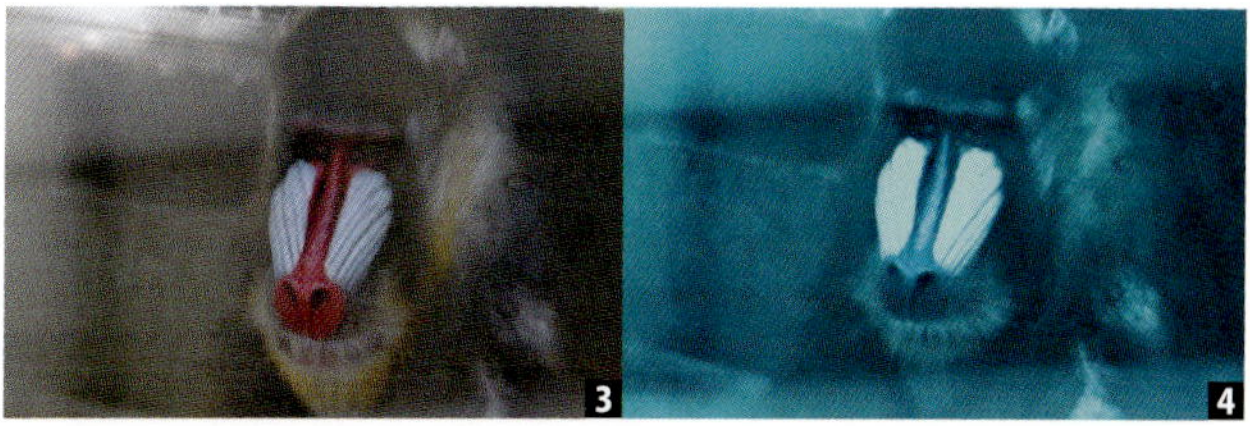

**6-3** マンドリルの雄
**6-4** 紫外線写真（構造色による水色の頬と尻は紫外線を強く反射する）

類の錐体細胞を持ち、水色を見分けることができる。他の哺乳類にはない水色で仲間を区別している。群れで生活するマンドリルは仲間を見失わないように、雄の顔とお尻の派手さは道しるべになるという。またこの派手さは、喧《けん》嘩《か》の仲裁や求愛に大きな役割を果たしている。ところが紫外線写真では顔とお尻の水色の部分が強く紫外線を反射した。この部分は構造色による。コラーゲン細繊維の配列によって光を散乱して水色を発色している。哺乳類は紫外線が見えないはずである。たまたま水色を発色するための構造が、波長が近い紫外色を発色したのだろうか。あるいはマンドリルには紫外線部分が見えているのかもしれない。

## 7 ハシブトガラスは紫外線で個体識別

鳥や昆虫などが紫外線を見ていることは1970年代まで知られていなかった。現在では、鳥の配偶者選択に紫外色が関わっているのではないかと研究が進められている。90%以上の鳥が雌雄で紫外線反射が異なると報告されている。また求愛ディスプレイに関わっている部分は紫外色が多く見られるという報告がある。紫外線反射は羽毛のナノ構造で決まり、雄の健康状態の指標となっており、雌は明るい紫外線反射を示す雄に惹かれるという。

鳥はわずかの紫外線反射の違いで雌雄を認識していると思われるが、紫外線写真ではわずかの差ははっきりしないので、鳥の雌雄を判別することは難しい。羽を持ち帰って分光器で紫外線反射を調べることはできるが、野外の撮影では条件により異なってしまう。

野外でスズメの群れの写真を撮ると、頭の紫外線反射が個体によって異なっている。これは、スズメの雌雄の違いかもしれないと思い、精巣・卵巣で雌雄を確認したスズメの標本の雌雄（我孫子《あびこ》市鳥の博物館所蔵）を撮影した。残念ながら紫外線写真では雌雄の区別ができなかった。

ハシブトガラスを撮影したら紫外線を反射して羽に模様が出た。カラスの雄は雌より構造色が発色し、紫外線を反射するのではと推測し、雌雄（我孫子市鳥の博物館所蔵）の標本を2個体ずつお借りして撮影した。肉眼ではいずれも黒く見えるカラスであるが、雌雄の別に関わりな

**7-1** ハシブトガラス
**7-2** 紫外線写真（紫外色の斑紋が見える）

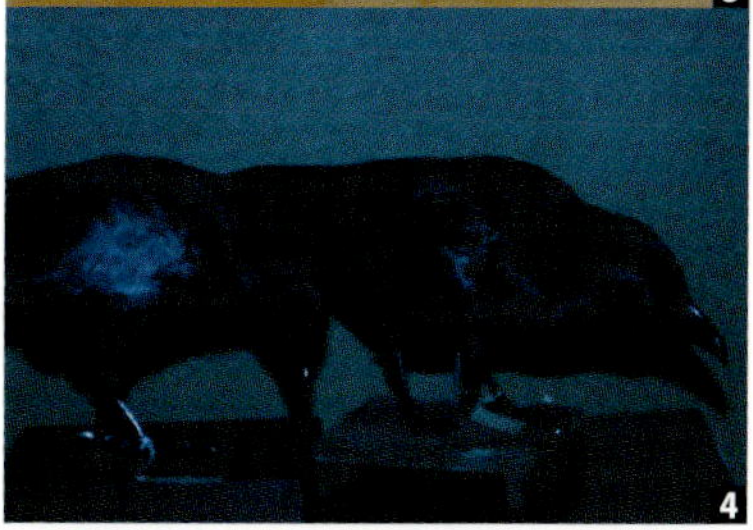

**7-3** ハシブトガラスの雌雄標本（左が雌、右が雄）
**7-4** 紫外線写真（雌雄に関わりなく個体によって斑紋が異なる）
（7-3、7-4は我孫子市鳥の博物館所蔵標本）

く、紫外線の反射部分が模様となって見られた。頭部周辺では紫外線を強く吸収する模様も見られる。いずれも個体によって明らかに模様が異なっている。このことは、ハシブトガラスは紫外色の模様の違いで互いに個体識別をしていることを示す。李銀玉によれば、カラスの黒さはメラニン顆粒による。雄はメラニン顆粒が多くきれいに配列しており、雌は少なく乱雑に配列している。しかし構造色はこれには関係なく、外表皮の薄膜干渉によって生じるという。その結果雌雄にかかわらず弱い紫外色を出すという（Lee, E., et al., 2012）。今回の紫外線写真の撮影の結果、この構造色が紫外線を反射しカラス同士の個体識別に役立っていることがわかった。

## 8 ボルネオの夜の森に潜む構造色の鳥、クモ

熱帯多雨林には派手で色彩豊かな美しい鳥が多い。捕食者のワシタカ類に狙われやすいと思われるが、森の中ではあまり目立たない。それらの鳥の紫外線写真を撮影するのは極めて難しい。森の中は薄暗く、紫外線量は少なく撮影できない。多くの哺乳類は夜行性なので、哺乳類を追ってほぼ毎夜森の中を歩いていると、眠っている鳥に出会う。それもいつもほぼ同じ場所で同じ鳥である。縄張り内で眠るので、ほぼ同じ止まり木で眠るのだろう。構造色を持つ鳥に絞って、紫外線フラッシュを使って紫外線写真を撮ることにした。キヌバネドリの仲間、ヤイロチョウの仲間、カワセミの仲間の眠る木を探して森の中を歩いた。夜行性の動物はライトを当てると目が光り確認できるが、鳥の場合はそうはいかない。探すのも大変である。また多くは高い木の上で眠っている。そのため、やむを得ずレンジャーに頼み用意してもらった梯子《はしご》を夜の森の中まで運んでもらい、鳥を起こさないようによじ登り、撮影した。鳥によって構造色の紫外線反射も様々である。

クロアカヤイロチョウはボルネオ固有種である。赤い腹部に濃い青紫色の翼を持っている。毛玉のようになっているのは頭を肩のほうに回して眠っているからである。紫外線写真では青紫色の翼が紫外線反射し、赤色部分が吸収している。青紫色の翼は構造色によって発色し、赤

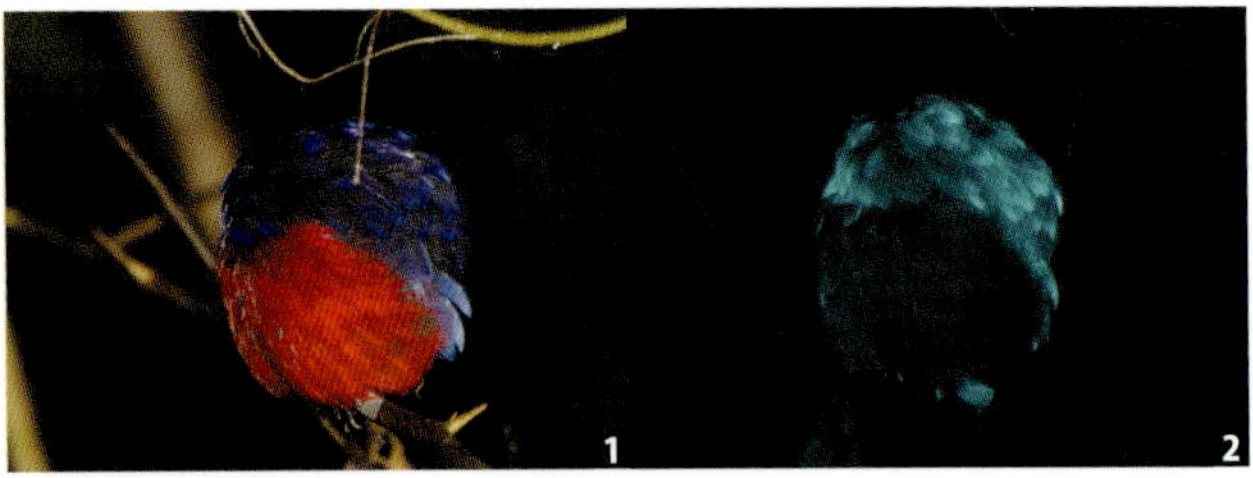

**8-1** 眠っているクロアカヤイロチョウ
**8-2** 紫外線写真（紺色と水色の翅は構造色で紫外線を反射、腹部の赤色は吸収しているのでメラニンと思われる）

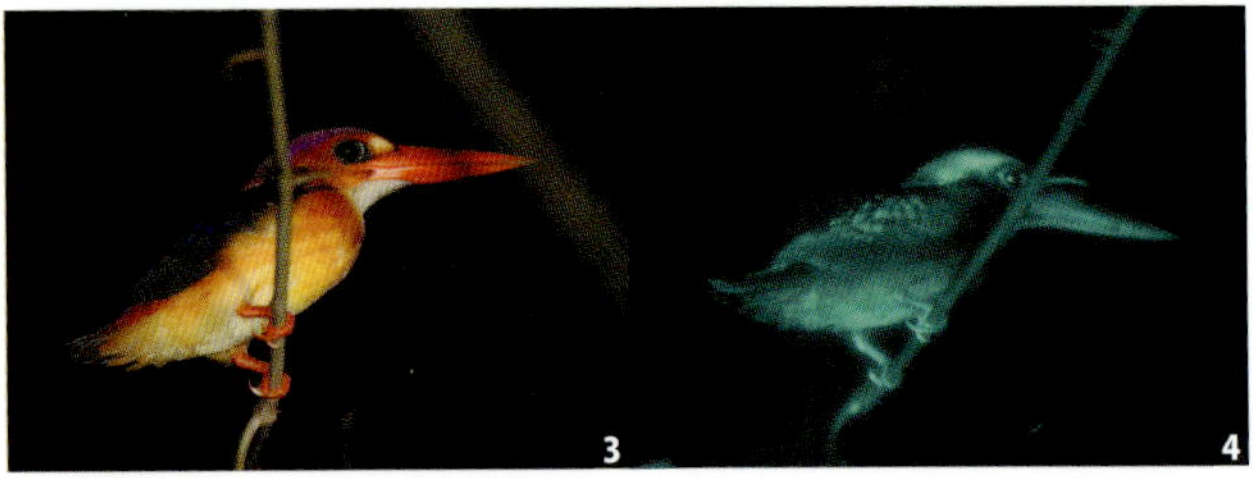

**8-3** 目を覚ましたセアカカワセミ
**8-4** 紫外線写真（頭部と胸部の水色の部分は強く紫外線を反射している）

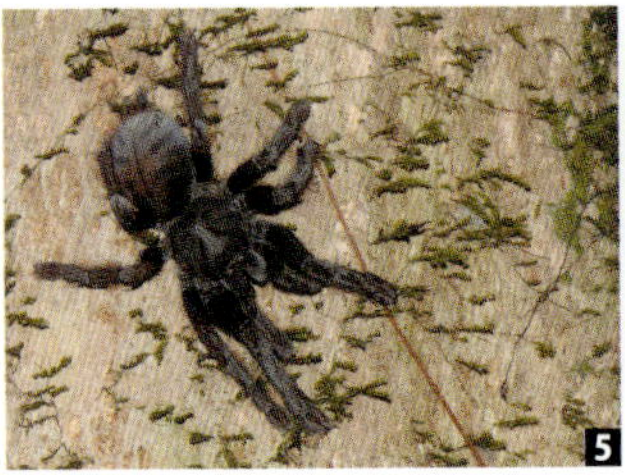

**8-5** タランチュラ（マレーシアン・アースタイガー）
**8-6** 威嚇するタランチュラ

色の部分はメラニンであると推定できる。セアカカワセミは梯子を登るときに木が揺れて、目を覚ましてしまった。紫外線写真では頭部の青紫色の部分が強く紫外線を反射し、翼の青色の部分も反射している。

夜に見られる構造色の生きものは鳥だけではない。木の幹に片手ほどある大きさのタランチュラ（マレーシアン・アースタイガー）を見つけた。いつもは警戒が強く近づくと素早く木の幹にある巣穴の中に入ってしまう。この日はクモが少し巣穴から離れており、近づくと前脚を振り上げ威嚇した。前脚の後ろがきらめく青色をしている。世界で見られるタランチュラのあるものは構造色で青色をしているという。しかしその理由はわかっていない。この前脚のきらめく青色が紫外線を反射するかどうかは、まだ確かめていない。紫外線写真を通して、青色の構造色を持つ理由に一歩一歩近づければと思う。

# あとがき

見えない世界を見てみたいという好奇心に駆られ、電子顕微鏡を買った。いろいろな生物を見ているうちに、構造色という言葉を知った。

南米で見られる光り輝くブルーのチョウを皆さんは知っているだろうか。あの色は色素でなく、構造色による色だという。シャボン玉やCDの虹色に輝く色も構造色だといわれている。そんな構造色に興味を持って、チョウや鳥の羽の構造を電子顕微鏡で観察しはじめた。そのうちに、構造色は紫外線を反射するのかという疑問が出てきた。紫外線の世界の深みに入り込んだのは、それからである。鳥は紫外線が見えており、雌雄の90％は紫外線の反射率によって異なることなどを知ったことも、紫外線の世界を見たいという気持ちに火をつけた。

シミやソバカスの原因として嫌われている紫外線、その紫外線は可視光線や赤外線に比べて光の量が少ない。さらに撮影するためのカメラは赤外線・紫外線をカットするフィルターが入っている。レンズも紫外線を通さないようにできている。試行錯誤でいろいろ創意工夫を凝らして、あらゆる動物と植物の紫外線写真を撮りはじめた。日本だけでなくボルネオにも機材を持参して撮影をした。

まだだれも知らない世界を、初めて見るのはいつもワクワク、ドキドキする。虫を捕らえてそれを栄養分とするウツボカズラの捕虫嚢を紫外線で撮影すると、反射するものと反射しないものにわかれる。大型の捕虫嚢を持つウツボカズラは紫外線を反射せずに、蓋の部分から蜜を出して、主に蜜にやってくるネズミ、ツパイ、鳥の糞尿を栄養源としている。紫外線を反射しているウツボカズラは、それによって虫を誘引している。そんなウツボカズラはボルネオのサラワク州ムルッド山に多く生えている。山の急な崖《がけ》から3m滑り落ちても、カメラだけは壊さず持ち帰った。

ハシブトガラスを撮影すると、個体によって異なる斑紋が浮き出た。カラスはその斑紋で個体識別しているのだ。そんなだれも知らない見えない世界を知る好奇心の喜びを、読者とともにできることを願う。

紫外線を撮影することに興味を持ちはじめてから、今回の出版までちょうど10年になる。撮影した多くの紫外線写真から、生きものと環境、生きもの同士の関わりをテーマ別にまとめた。出版に際して中安均氏には原稿全体を読んでいただき、貴重な助言をいただいた。またボルネオの夜の森の撮影にはM. Faijan氏に多大なご協力をいただいた。我孫子市鳥の博物館には標本撮影でご協力いただいた。出版に際しては、酒井孝博氏はじめ中央公論新社の方々に大変お世話になった。出版に際して、多くのお世話になった皆様に改めて御礼を申し上げたい。

# 引用文献


- Ghiradella, H., Aneshansley, D., Eisner, T., Silberglied, R. E. and Hinton, H. E. (1972) "Ultraviolet reflection of a male butterfly: interference color caused by thin-layer elaboration of wing scales." *Science* 178(4066):1214-1217
- Olofsson, M., Vallin, A., Jakobsson, S. and Wiklund, C. (2010) "Marginal eyespots on butterfly wings deflect bird attacks under low light intensities with UV wavelengths." *PLoS ONE* 5(5):e0010798
- 渡部健（２００２）「カタハリウズグモの網構造の可塑性とその機能について」*Acta Arachnologica* 51(1):73-78
- Craig, C. L. and Bernard, G. D. (1990) "Insect attraction to ultraviolet-reflecting spider webs and web decorations." *Ecology* 71(2):616-623
- 栗山武夫（２０１２）「オカダトカゲの色彩パタンの進化――捕食者に対応した地理的変異」『日本生態学会誌』62:329-338
- 大島範子（２０１０）「魚類の体色変化と個体間のコミュニケーション」『生物工学会誌』88(4):163-166
- Ollerton, J., Winfree, R. and Tarrant, S. (2011) "How many flowering plants are pollinated by animals?" *Oikos* 120(3):321-326
- Vignolini, S., Thomas, M. M., Kolle, M., Wenzel, T., Rowland, A., Rudall, P. J., Baumberg, J. J., Glover,

B. J. and Steiner, U. (2012) “Directional scattering from the glossy flower of *Ranunculus:* how the buttercup lights up your chin.” *J. R. Soc. Interface* 9:1295-1301
- 針山孝彦・下村政嗣・山濱由美・高久康春・下澤楯夫（２０１３）「ウマノアシガタの高輝度反射と紫外線反射の起源」『高分子論文集』70(5):221-226
- 唐沢孝一（１９７８）「都市における果実食鳥の食性と種子散布に関する研究」『鳥』27(1):1-20
- 栃木県立小山西高等学校３年生物選択者６名（１９９９）「カエルと紫外線」第43回日本学生科学賞中央審査入選２等：7pp. http://www.tochigi-edu.ed.jp/oyamanishi/kenkyu/kaeru/kaeru.htm（２０１３年２月16日閲覧）
- 朝野維起（２０１３）「昆虫外骨格内に存在するメラニン合成酵素」『比較生理生化学』30(3):106-114
- Lee, E., Miyazaki, J., Yoshioka, S., Lee, H. and Sugita, S. (2012) “The weak iridescent feather color in the Jungle Crow *Corvus macrorhynchos.*” *Ornithol. Sci.* 11:59-64

学会発表

- 荒川真子、木下修一（２００７）「アオオビハエトリの毛の内部微細構造」日本蜘蛛学会

【や 行】



【ら・わ行】

## 【ま　行】

## 【な　行】



## 【は　行】

## 【さ 行】



## 【た 行】

## 【か　行】

# 索引

青色の数字は写真掲載ページを示す

図作成／DTP・市川真樹子